呂　尚⊕著

外星人研究權威的第一手資料

5000年來古今幽浮事件最完整的紀錄

外星人
即將公開與人類正式對話，
你準備好了嗎？

地球人注意了！
在北京，外星人藉由一位女士「傳輸思想」
告誡地球人要努力解決空氣汙染、環境保護與核子武器等問題，
以免人類走向滅亡。
外星人的聲音，你聽到了嗎？

5000年來古今最完整的幽浮事件紀錄，
透過第一手資料，讓你一探地球未來發展與蛻變的潛能。

目次

篇四：幽浮研究必要的思維進程 293

附錄：深思專題 323

開展台灣幽浮風潮

一九七四年初，在希代書版公司規畫下，我開始翻譯《不明飛行物》《失去的文明》《上帝駕駛飛碟》等一系列UFO書籍，於次年陸續出版。沒想到此舉竟然開展了台灣外星人飛碟新聞報導與出版浪潮，轟動數年，被當時的媒體稱為「台灣幽浮研究鼻祖」。

一九七七年十一月，我自費創辦台灣第一本探討飛碟外星人與科幻的《宇宙科學》雜誌，並將UFO三字譯為中文「幽浮」，之後成為流行於華人世界的通用名詞。當年十一、十二月間，中國電視公司《蓬來仙島》二度邀請我與當時圓山天文臺蔡台長在電視上暢談飛碟，這是台灣電視史上的創舉。

一九七八年三月出版《幽浮探索》，為台灣人自寫的第一本幽浮創作。六月日本《UFOと宇宙》雜誌報導我研究飛碟外星人的現況，為台灣第一位被外國雜誌報導的幽浮專家。

一九八二年六月，由於太多飛碟迷希望有個社團交流，遂發起成立「台灣不明飛行物研究會」（即現在的台灣飛碟學會），擔任理事長，媒體爭相報導，並譽為「台灣幽浮研究教父」。十月，桃園航空科學館邀請舉辦台灣首次《UFO特展》，展期六天，展出

幽浮大型照片七十二幀及書刊一二〇多種，當時有十二梯次的報紙報導此項展覽。

一九八五年六月，研究會積極與國外UFO社團聯結，得到美國UFO研究中心主任海尼克博士、法國雷爾運動總會C. V. Rael會長、澳洲柏斯UFO研究會G. A. Hume會長、美國MUFON等學會與機構的支持，成為他們的顧問，使台灣幽浮研究邁向國際。

一九八六年五月英美兩國同步出版《UFOs and the Extraterrestrial Contact Movement : a bibliography》一書，將我列入，首度成為UFO世界記錄。

一九八八年十一月將兩年前出版的《星空鄉愁》與《夜空光芒》二書，授權北京兵器工業出版社改名為《星空碟影》與《UFO在行動》出版簡體字版，為中國大陸出版台灣幽浮書籍之創舉。

一九八九年七月，受聘為北京UFO研究會名譽理事。九二年六月，受聘為上海市

「中正航空科學館」舉辦

不明飛行物體與線控模型機表演

外星人研究權威
的第一手資料

UFO研究會學術顧問。當年八月，北京新華社發行二百多萬份的《環球》雜誌以「幽浮專家呂應鐘」做專題報導，此為中國大陸雜誌報導台灣幽浮研究專家的創舉。也接受電視臺及不同媒體的訪問。

一九九四年八月在北京亞太地區UFO學術研討會發表《從佛學「乘」的本意探討太空船的真實件》。

九五年十一、十二月出版《聖經vs外星人》《佛經vs宇宙人》二書，開啟以「宗教宇宙生命學」理論重新詮釋宗教經典的新領域。

九八年六月，受聘為山西省UFO研究會學術顧問。八月在中國大連UFO科學技術研討會發表《建立二十一世紀整合飛碟學研究新方向》。

九九年三月，結合北京孫式立教授、香港飛碟協會方仲滿會長，共同在香港註冊成立《世界華人UFO聯合會》，並擔任副理事長，成為全球華人幽浮愛好者的社團。於二〇二〇年，註銷世界華人UFO聯合會，改註冊「世界華人宇宙文明研究總會」，將UFO研究提升到更高的宇宙文明研究層面。

當年八月也在湖南長沙中南大學學術會議發表《用思辨與前瞻思考邁向廿一世紀：兼論飛碟學與超心理學的未來》。

'93

二〇一一年十月在昆明雲南大學發表《台灣的ＵＦＯ研究和宇宙生命科學發展》。一二年二月在北京ＵＦＯ大會發表《二十一世紀UFOlogy研究方向芻議》。一三年六月二十二日台灣飛碟學會在臺北舉辦為期一周的「台灣幽浮揭秘展」。

二〇一六年，擔任世界華人ＵＦＯ聯合會科學研究院副院長。十二月將建構多年的網站「宇宙生命智慧」網址改為http://etLv.me，版面重新調整，呈現新面貌。

二〇一八年三月二四、二五兩日在北京「京津冀飛碟探索研

究中心」成立一周年會議上，舉辦五場主題分享，分別為〈回顧與前瞻——從科學史誤觀反省現代人對UFO的看法〉、〈宇宙的傳訊——老子從雲端告訴我他的文字思想真相〉、〈物質與能量——從唯物主觀到心物合一的量子時代〉、〈聖經與外星——用外星角度重新解讀聖經的真相〉及〈靈心身醫學——新世代超完美靈心身健康的實踐〉五個專題。

從一九七五年迄今，足足四十五年，一直孜孜於宇宙文明的傳播，自己也不知這股傻勁是從何而來，不過做的很愉悅。

序：地球人必須跳出框架思維

台灣面積太小，極少有幽浮光臨的記錄。

台灣有文字記載的歷史太短，從國民政府遷台以後，真可信的幽浮記錄也是寥寥可數。

我雖然於一九七五年迄今出版和飛碟外星人、宇宙天文、靈異神秘書籍已達四十五部，屬自己著作的也不過二十多種，但已囊括了台灣幽浮出版品市場長達四十年。

從小，我就很喜歡對著地球儀及世界地圖仔細品觀，仔細看著五大洲、山脈、河流；而現在則喜歡打開Google Earth，把自己想像成飛在太空中，俯瞰著地球，慢慢觀賞全球大地。用這個高度看地球，絕對有不同的心靈感受。

一九八〇年起，已不再翻譯外國幽浮作品，開始走入自己研究之路，並陸續提出各種ＵＦＯ探索論文，及出版心得作品，孜孜地為台灣飛碟學（UFOlogy，也稱幽浮學）奠定國際水準的成果。

時至今日，有更多的人翻譯出版幽浮相關書籍，打破了我的獨佔局面，實在感到欣慰，這代表台灣人思想的進步，總算大家能夠坦然接受ＥＴ和幽浮主題了。

然而到了近年，仍然有不少人在問：「到底有沒有飛碟外星人？」我認為這是個幼稚

園的問題。在此，我用下列故事，提供給大家重新思考：

假設我們是來自各大洋的頂尖水生物族類科學家，正聚集召開一個水生物族有史以來最偉大的科學大會，探討主題是「其它世界有沒有生物存在？」

經過冗長的討論，最後各類魚族、蝦族、水生物族科學家得到共識：「離開我們生物生存的水空間以外，絕對沒有生物，因為我們水生物去到那個空間，全部死掉，證明生物無法生存，所以，寫入教科書的結論是：『在我們生存的空間以外，其它空間沒有生物存在。』」

大夥兒興高采烈，以後終於有了定一統的教科書依據了，不會眾說紛紜了。

此時烏龜舉起短短的手，發言了，牠說：「可是，有時我順著水底爬出水面，在另一個空間散步，有時會看到很大的會動的東西，我也不知道是什麼，有時我的同伴會被他們抓走，從此失蹤了，應該是我們所不知的生物。」

鯨魚主席問大家相不相信，全體水生物科學家一致說：「沒有科學依據，不能相信。」

最後，烏龜被打成「異端邪說」，被扣上「不科學、偽科學、現代神話、怪力亂神、現代野狐禪」大帽子。

讀者們，把魚類換成人類，是不是也面臨同樣的問題與結論？

人類習慣於限於地平面的思考，也只會線性思考，習慣於用自己狹窄的專業知識來衡量其它事物，也習慣於用二十世紀科學知識來衡量一切。凡是超過自己知識範圍的，就用否認的心態，膚淺地認為不可能。

但請大家想想：回到一百年前，當時所有地球人能夠想像今日的電腦、手機、汽車、機車、電視、飛機、網路、電玩、我們今日習以為常的一切東西嗎？

一百年前的地球人絕對無法想像，而當時的地球科學家也會依據當時的科學認知批評這一切都「沒有科學依據」。

但是，連今天三歲的小孩也都在玩「當時沒有科學依據」的平板遊戲。同樣的，我們在今天有什麼樣的「科學依據」能夠論斷比當今地球人進步一百年的外星人科技水準？

若是外星人比地球人進步一千年呢？所有地球人能夠想像得到嗎？

所以，我用很多古代正史的記錄提出「外星人早就來過地球」，能用「沒有科學依據」來否定嗎？

希望有知識的地球人拋棄「沒有科學依據」這句很不科學的話，你才能夠體會宇宙的偉大與奧妙。不會對於幽浮外星人感到神秘。

這本書算是我從一九七五年以來歷經四十五年的個人結晶，我相信任何一位讀遍中文幽浮書籍的讀者，都能體會出這本書是空前的、獨特的、第一手的、引領思想的書。

在此祝福有機緣能閱讀本書的人！

篇一：從阿凡達電影談起

一、阿凡達電影的震憾與深思

多年前看完電影《阿凡達》，我的內心相當沉重。環視當今，太多地球人所想的就是源自西方資本主義的思維，想著如何不擇手段地巧取豪奪，一天到晚只想著自己獲得最大利益，西方的強權更是用武力來搶奪石油能源；我們的社會每天充滿負面新聞。何時，地球才會成為如潘朵拉星球那麼美妙和諧？

雖然電影是虛構的，但是它也呼應了我多年來「探索幽浮外星人、思考地球人類行為、研究生物意識工程、探究靈性世界實存」的種種內容，令我內心澎湃震憾。

「探索幽浮外星人」方面：民國六十四年我開始翻譯出版外文幽浮書籍，四十多年來，不僅開創了華人世界幽浮外星人的廣大話題，更奠定了兩岸幽浮研究領域的內涵。

多年來很多人曾經問我：「到底有沒有外星人？」我都肯定地回答：「當然有，而且有很多種。」又有人說：「科學並沒有證明有外星人呀。」提出這種說法的人，完全缺乏科學精神，只有令我搖頭。

想想，比地球人更高級的外星人的存在，需要落後的地球人的科學來為他們證明嗎？就如同狗族們要來證明人類的科學，不是很荒謬嗎？而且，當今地球人的科學又有多高明？現在的地球人未免太自大了吧！

我敢斷言，二十一世紀就會讓地球人知道外星人的確存在！而且他們的科技文明與精神層次要比地球人高太多。

「思考地球人類行為」方面：在電影中，地球人要搶奪潘朵拉星球的礦產，犯下滔天且無法彌補的過錯，這也意指二十世紀人類的科技高度發展，精神文明卻更加沈淪，資本主義的猖狂造就功利思想彌漫，人人想著就是短期投資賺錢，社會上也以財產的多寡來論斷一個人的成功，卻不去看他的財產是否得來合理合法。

我敢斷言，資本主義將會在二十一世紀崩潰，一切事物必定回歸本質，回歸自然與本物才是人類永續生存之道，也才是任何產業永續發展的正途。

「研究生物意識工程」方面，電影中大家看到以人類和納美人（Navi）DNA混種培養出三米高的阿凡達，作為人類心智操控的身軀。雙腿癱瘓的陸戰隊員傑克躺在像是核子共振掃描艙裡，傳送心智意識進入阿凡達體內。

這種超時空的科技成就，也是我十多年來所在的台灣全我公司研究團隊多年來所進行的「生物意識工程」，在電影中看到這樣的畫面，驚覺到導演前瞻思維的正確性。

我敢斷言，在二十一世紀，地球人就可以做到意識傳輸的科技，屆時，人人可以自由自在的往來不同的時空。

「探究靈性世界實存」方面，阿凡達的女神叫做伊娃（Eva），她存在於聖樹處，納

美人可以通過辮子的神經末梢，與聖樹上垂下的類似柳條狀的末梢相連，將自己的想法告知他們的女神。樹與樹之間、樹與納美人之間、納美人與動物之間，都可以通過神經末梢相連，與伊娃女神溝通。這是一種高度靈性的世界，只有心靈層次高的人方能存活在這個星球。

所以電影最後，在遣返地球人的畫面裡，有一句話很重要：「只有心靈純淨者才可以留下。」

我敢斷言，在二〇二〇年之後，心靈層次的提高是地球人的下一步進化，屆時只有靈性純淨的人才能存活於未來的地球，其它絕大多數思想僵化、固守教條的地球人都要透過死亡的過程回到宇宙懷抱。

《阿凡達》這部電影事實上是非常深刻的預言史詩。Avatar 一語源自梵文，ava 意為「向下」或「離開」，tar 的意思是「橫越」、「穿過」（由此處到彼岸），這個詞的意思原指從天國到地上、從神到人的下凡，後來延伸為較寬泛的化身的意義，也意指降臨人間的神的化身。

大陸導演陸川最為讚賞的是此電影透出的情懷，他說：「（阿凡達）導演對生命的敬意，在電影中表露無遺。這是一個普通人摯誠的吶喊，簡單的隱喻。《阿凡達》大致可以描述為：反殖民主義（非洲／印第安）＋神雕俠侶＋環保主題。《阿凡達》讓我意識到，我們電影的情懷和簡單的美好距離有多遠；我們和清澈的純真距離有多遠；我們和熾熱的夢想距離有多遠；一直在扭曲陰暗扯淡的糾結的庸俗中奔走狂歡的我們，距離到真誠，還有多遠！」

誠哉斯言！很多地球人早已忘記什麼叫做真誠；現在的台灣人之間已經缺乏互信；很多大企業家充滿併吞他人的蠻橫霸氣；很多台灣的公共工程都不是以福國利民的角度來規劃，完全變成有權有勢者從中炒作獲取暴利的管道；台灣的選舉已經完全變成膚淺文化、抹黑對手、操弄族群、撕裂意識的黨利與私利爭奪……

真誠希望有國家人民意識的台灣人能夠藉由 Avatar 重新審視自己存活的意義。

二、直覺認定幽浮必然來過地球

我在四十多年的幽浮探索、研究、著作的歷程中，不僅相信有外星人，而且還相信高科技的外星人必然早就來過地球。這是不用科技落後的地球人來證明，只要運用人類的「直覺力」就可以了。

自從一九四七年六月美國人肯尼士阿諾（Kenneth Arnold）在飛行途中，看到空中出現一排圓盤狀物體，便向塔臺喊出：「我看到宇宙來的 flying saucers（飛碟）。」之後，美國空軍便成立《藍皮書計畫（Blue Book Project）》開始調查出現在空中的不明物體。

之後世界各國如英國、俄國、日本、法國、巴西、德國等等也花費不少經費在探索ＵＦＯ的奧秘，而遍佈全球的研究者更不計其數，世界性的幽浮會議也開過不知多少次，而且全球人口有一半以上相信幽浮外星人的存在。

但是這樣的一個全球性現象，

外星人研究權威的第一手資料

經常陷於科學真假的爭議，仍有不少人抱持懷疑甚至否定的態度，而西方肯定論者研究的方向一向側重在目擊事件的分析，此種形而下的研究方式缺乏學術基理，無法建構出「幽浮學」完整學說，因此西方研究者的確一直無法提出令人更為信服的理由，使得這個值得深入研究的課題成為科學邊緣主題。

在這四十多年當中，我不僅大量閱讀外國ＵＦＯ書籍，也參加二個美國ＵＦＯ社團，以及二個天文學會，更和美國、日本、澳洲、西班牙、英國、韓國等國的幽浮研究人士交流，獲得大量檔案。起初幾年所接觸到的都是外國資料，到了八〇年代產生直覺深思，認為文明古籍留傳最豐的中華文化，也應該有不少曾在天上出現而使古人疑惑的不明飛行物體或是不明發光體的記錄才對。

於是便購進全套《資治通鑒》、《續通鑒》、《明通鑒》以及十多本科技史類古書，開始翻閱，果然在這些古書中找到相當多無法用現代自然天文現象解釋的不明飛行物體記錄。

從此我就立下要寫一部全球唯一幽浮史記式著作的心願，遂利用公餘時間涉獵更多古書，不斷找出新的資料，建成一則一則資料檔，到一九八一年，曾在《時報週刊》上發表十篇「古中國幽浮經驗」系列文章，首先將此課題公諸於世。然而因諸多事務，一直未能在七十年代完成心願，然而此動機一直縈繞在心頭，未隨時間消逝。

「要寫一部嚴謹的全球唯一幽浮史料書籍」的念頭一直深放在腦海裡。

因為自己也曾經修習天文學及太空科學，擔任中國天文學會理事、臺北市天文協會理事達十多年，也曾在大學教授宇宙科學課程，並於七九年出版《宇宙科學導論》教科書，認為實在有必要以天文科學理論為基礎，用嚴謹的態度，不是新聞報導的方式來解析古書中的不明飛行物體記錄，使之成為華文世界一本權威的幽浮學術著作，為世界幽浮研究界提供一部新作品，以彌補西方目擊事件研究的缺憾。

因為我直覺上認定，幽浮外星人必然在過去未知的年代多次來過地球！而且，留下很多史料與遺跡。

三、極多史料記錄揭示了真相

為了運用史料來揭示不明飛行物體在古代就頻頻來過地球，我絕對不能以科幻、神怪、奇幻的文筆來寫作，必須用嚴謹的方法及研究方式來進行。因此，首先是廣泛收集中華古書中的相關文獻，特別著重在星變、日異、月異等資料。其次是文獻的閱讀、分析與詮釋，必須具有天文學意義的詮釋脈絡。這樣的嚴謹態度才不會落入笑柄。

在閱讀與分析部份，找出怪異的日、月、星記錄，然後透過天文學解析，理出無法用正統天文知識和理論說明之處。整個詮釋過程必須遵循下列法則：邏輯上的一致性、詮釋必須能符合現代天文理論、用清楚的觀念來解釋、用現代語言傳達整體思想、要能相互對比。

中華古代天文科技水準極高，這是西方所無法比擬的，古人已知天上有日、月、星三種，而星又有最熟悉的五星、流星、客星、超新星、彗星等等之分，其中五星指太白（金星）、熒惑（火星）、歲星（木星）、填星（土星）和辰星（水星），近五千年來的中華天文古籍極多，資料相當豐富，這是不能否認的事實。然而任何人都在無法閱盡所有古書的前提下，只能盡力而為。

古書中有很多怪異日、月、星的記錄，這些描述在未學過天文學的人看來，也許看不

出所以然，但是學過天文的人一看就很清楚的知道真相，因為不少古代記錄在天文學上來說是「不可能」的，因此在詮釋方面，必須用現代天文學理論或用簡單的日常知識明確的提出，讓讀者都能明白，所以本書的寫作是以嚴守天文學為基礎，而非幽浮狂熱者的發想。

在引用古文資料上，為了避免混用資料及斷章取義，便決定以古文記錄直接引用的編年史方式呈現，不做白話語譯，避免文意失真。但為顧及年輕現代人的古文水準，若干較難懂之處仍做淺釋。更重要的一點是將所有古代星座及星辰名稱均列出現代用語，讓讀者能真確地知曉方位。

本書採編年史方式依年代順序一則一則列出，由於古代記月日是用天干地支，本書儘量對照換成西元年月日，以讓讀者能明確知曉事件發生的日子。

從一九七九年起，辛苦收集了上千則古中國幽浮記錄，最後終於能以嚴謹的寫作方式問世，於一九九七年用《UFO五千年》書名出版，總算給自己一個交待。

這一部著作堪稱全球幽浮著作中「涵蓋時間最長、引用古書最多」的深度作品，唯一目的就是讓世人知曉幽浮現象不是現代才有，而是從中國人有文字以來就被記錄下來，更重要的是很多記錄都是寫在正史裡。

近年國外很多原本列為機密的幽浮史料紛紛揭密，讓大家對紛擾超過七十年的幽浮話

題，有了確實的認知，連英國知名物理學家霍金也開口宣稱有外星人的存在，但是不希望地球人去接觸他們。可見，幽浮與外星人已經是不需再爭論的話題了。

另外一個問題就值得讓大家深入思考：也許在有人類文字之前，或許在地球上未有人類之前，外星人也許早就來過地球！也許他們也像《阿凡達》的地球人一樣，是來探勘地球礦產，或是來做複製生物的偉大事業？

在一九九七年出版《ＵＦＯ五千年》之後，一直到十年後，我還接到一些讀者的詢問，實在是沒有辦法，只好加一些新的資料，於一二年重新以《別問了，外星人早就來過地球》書名出版，也成為當時熱門圖書。

可是到現在《別問了，外星人早就來過地球》也早就沒書可賣，還是有讀者來詢問想購買，於是我整合《ＵＦＯ五千年》與一九九五年出版的《幽浮白書》二書，重新整理，刪除重複的，加入新資料，成為這本書。

希望讓讀者能在閱完本書時，不再感到神秘，然後走出去，抬頭望向夜空，靜靜地、腦袋放空，閉上雙眼，去感覺、去融入，體會有什麼心靈悸動？是否會在心靈深處油然生起一股星空鄉愁？

是的，這股星空鄉愁，就是人類的答案了。

篇二：五千年來的幽浮史記

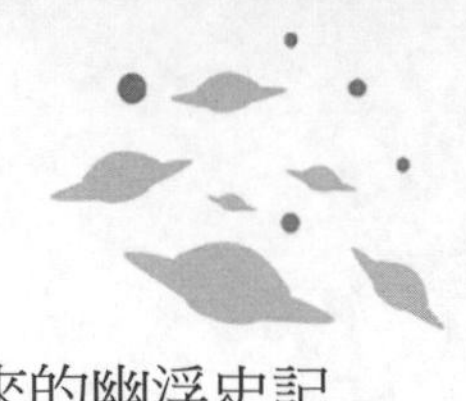

一、先秦時期的幽浮記錄

由於秦朝以前的史料相對較少，很多是後世之人所編纂，所以對於本節中非正史的引用資料，只能當作是茶餘飯後的話題，而非就認定其一定為上古時期的可信幽浮記錄，特此聲明。

前二六七七年

《拾遺記卷一》記有「軒轅出自有熊國，……時有黃星之祥」。

《古今圖書集成庶征典卷三十五》記載「黃帝二十年景星見」。

《竹書紀年》記有黃帝二十年時，「有景雲之瑞，赤方氣與青方氣相連，赤方中有二星，青方中有一星，凡三星皆黃色，以天清明時見於攝提，名曰景星」。

《拾遺記》注釋中即說明「黃星當即景星」，「攝提」就是木星，這三顆發黃光的星分別包在紅氣與青氣當中，在天氣晴朗時出現於木星處。這些黃帝時代的記錄，值得探究之處有：

一、經常有黃星、景星，或是同時有三顆黃星出現。

二、攝提（木星）的四顆較大衛星曾被西方天文學家伽利略用小型望遠鏡看過，肉眼極佳的人在毫無光害的晴夜下，也是可以隱約看到二至四顆木星衛星，四六〇〇年前不會有光害也不會有大氣污染，因此在天空清明時可以看到木星的三顆衛星，是有天文學上的可能。

三、若此景星不是前面所言木星的衛星，那麼這三顆星就只能用不明物體來解釋了。

前二三三二八年

《拾遺記卷一》：「堯登位三十年，有巨查浮於西海，查上有光，夜明晝滅。海人望其光，乍大乍小，若星月之出入矣。查常浮繞四海，十二年一周天，周而復始，名曰貫月查，亦謂掛星查。羽人棲息其上，群仙含露以漱，日月之光則如暝矣。虞夏之季不復記其出沒。遊海之人，猶傳其神偉也。」

這一則描述極為迷人。古「查」字即「槎」，就是船的意思，描述有一艘巨船會發光，當它發出強光時，連太陽月亮的光都輸它，所以被記為「日月之光則如暝」，也被稱為「貫月船」或「掛星船」，飛來飛去，又有穿白羽衣的人住在裡面。

到了虞夏之後，它就不再出沒了，人們都還在傳頌它的神偉。可見此船不會是一般的船，它會發光會飛，白衣羽人住在裡面，此船又會飛到月球（貫月），宛如今日所稱的「登月艇」，因此這一則可以視為描述清晰的宇宙航行器現象。那些白衣羽人是否就如同當今的太空人？

前二二四八年

《拾遺記卷一》：「虞舜在位十年，有五老游于國都，舜以師道尊之，言則及造化之始。舜禪于禹，五老去，不知所從。舜乃置五星之祠以祭之。其夜有五長星出，熏風四起，連珠合璧」。

《路史餘論卷七》有「五老人」說：「五老乃為流星，上入昴」。這一句「五老乃為流星，上入昴」值得研究，因為若是自然界的流星，絕不會遊歷虞舜的國都，也不會和虞舜談一些天地造化的事，所以此處的五老應是指五位有智慧的老人。

他們「上入昴」，表示飛到「昴宿星團」去了，這和本世紀有名的幾件幽浮人相遇事件談到外星人來自昴宿星群、南美秘魯古代印加人傳說神明來自昴宿星群、美國霍皮族印地安人稱昴宿星群為祖先的故鄉，古中國也稱昴宿星群為七姊妹，因此總總跡象顯示本則應是指五位智慧人士乘著被稱為「流星」的發光飛行物體從昴宿星群而來。

《漢書律曆志》中對「連珠合璧」有解釋：「日月如合璧，五星如連珠。」就是指日月同時出現稱為「合璧」；金、木、水、火、土五顆星相連成一串稱為「連珠」。

大家都知道天空上絕不會有日月五星同時出現的時候，可見舜設置五星之祠且祭祀的當天夜晚，連珠合璧的七顆星不會是自然界的星辰，而是七個大小不等的幽浮。

前一九一四年

《古今圖書集成庶征典卷十九》：「夏帝堇八年，十日並出。」

《竹書紀年》的記法是「八年，天有妖孽，十日並出。」

《禦龍子集》論到：「十日並出，有之乎？漢書有如日夜出；晉紀曰夜出；宋初兩日相蕩于東南。例而視之，十日其有也。」

天文學常識告訴我們天上不會有十個太陽，但古代確曾出現過此現象，如何解釋？要說是古人亂寫、或是神話、或迷信？都無法有嚴格明確的說明。因此我們只能視此記錄的真意是指當時天上的確出現過十個發強光的物體。

前一八〇九年

《古今圖書集成庶征典卷三五》：「夏帝癸十年，五星錯行，夜中星隕如雨。」

《竹書紀年》也有相同記載。

以天文學現象而論，夜晚會出現流星雨，這是正常的現象。但是「五星錯行」指水、金、火、木、土五顆太陽系的行星同時發生軌道錯亂的運行現象，是天文學上是絕對不可能發生的，因此唯有以五個大小不同的發光物體在天上交錯飛行，路徑不一的飛行狀況來解釋「五星錯行」，才能圓滿。

前一七九〇年

《古今圖書集成庶征典卷十九》：「夏帝桀二十九年，三日並出。」

《竹書紀年》也有記載此天上同時出現三個太陽的現象。

但是《天文占》說：「三四五六日俱出並爭，天下兵作。」

《天文志》說：「三四五六日俱出並爭，天下兵作亦如其故」。

可見這是不常見的現象，也是目前天文學上無法解釋的事。太家以常理分析，自太陽系誕生迄今，天上只有一個太陽，因此三個太陽同時出現的現象，只能解釋為這是天上同時出現三個發強光物體的記錄。

前一七六六年前後

《博物志卷二》：「奇肱民善為拭扛，以殺百禽，能為飛車，從風遠行。湯時西風至，吹其車到豫州，湯破其車，不以視民。十年東風至，乃複作車遣返，其國去玉門關四萬里。」

此則記載離玉門關西方四萬里（二萬公里）的奇肱國的人能做一種飛車，從風遠行。以地球科學言，地球赤道一周約長四萬公里，因此距離二萬公里正好是地球的另一面，也就是美洲，在三七〇〇多年前美洲有人會製造飛車？實在令人無法置信，因此本則所記應視為一種飛行物體，駕駛此飛行物體的人來自不知何處的「奇肱國」。

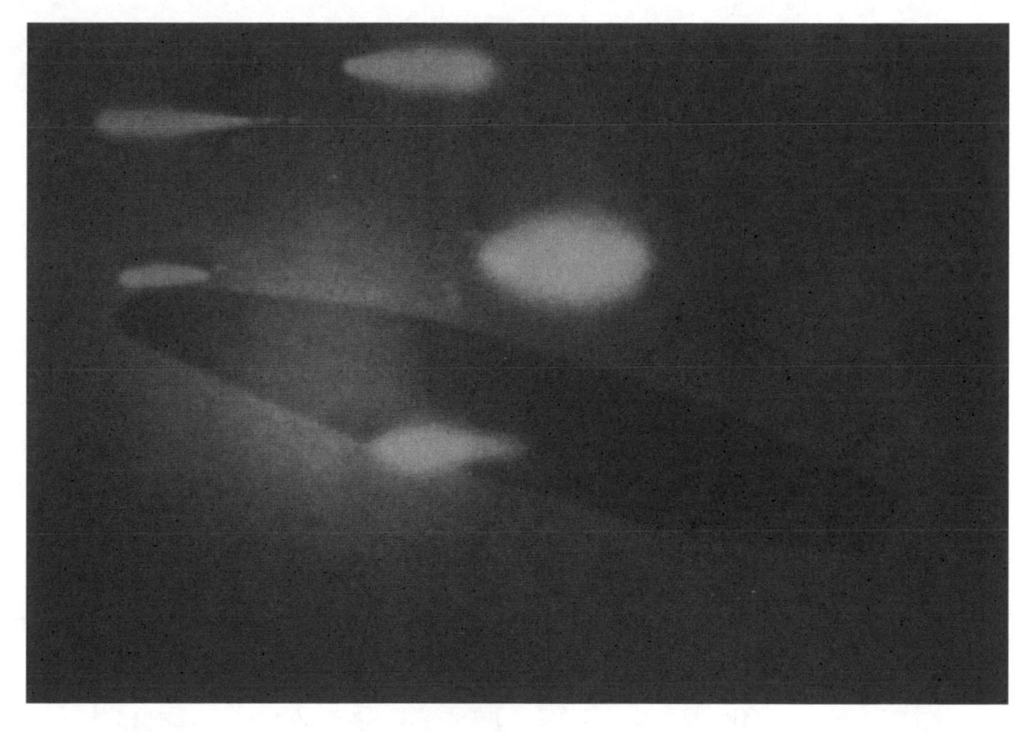

三四五六日俱出並爭？
天上出現一個大的長柱型幽浮，又出現五個較小的光體。這是一九五二年著名的飛碟研究者亞當斯基拍到的照片。（台灣飛碟學會檔案）

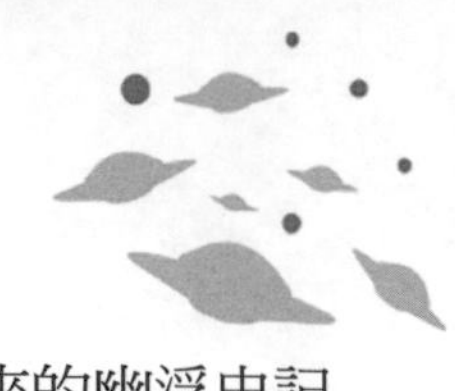

前一五九〇年或一二七七年

《古今圖書集成庶征典卷十九》：「商帝辛四十八年，二日並出。」《竹書紀年》也同樣記載。《管窺輯要日占論》說：「兩日並出是謂爭明，數日相掩則大鼎分」。

我們檢視商朝在位超過四十八年的統治者有太戊帝（西元前一六三七至一五六三年）和武丁帝（西元前一三二四至一二六六年）二人，因此此事件可能發生在西元前一五九〇年或一二七七年。

大家都知道天上不會有二個太陽，所以此則描述的不會是自然界的太陽，和前數則一樣，指的都是天上同時出現數個大型發強光的物體。

前一一一四年

《拾遺記卷二》：「成王即政三年，有泥離之國來朝，其人稱自發其國，常從雲裡而行，聞雷霆之聲在下，或入潛穴，又聞波濤之聲在上，視日月以知方國所向，計寒暑以知年月。」

泥離國的人有一種會飛在雲之上、會潛在水中的飛行器，兼具飛機和潛艇的功能。二十一世紀人類的科技水準都無法製成此種飛行器，因此文中所述的可視為今日人類尚無法知曉的不明飛行物。

約前一一一〇年

《史記周本紀》記載周武王在滅亡商朝之前二年，在黃河邊，「有火自上覆於下，至於王屋，流為烏，其色赤，其聲魄。」

這個發紅光的物體被稱為「火」，從天上飛下來，飛到周武王宮殿上方，看起來變得很大如鳥形，也會發出震魄的響聲。這個被稱為「火」的東西當然不是一般的火，也不是一般的鳥，而應是發強光的幽浮。

約前五六〇年

十六國時的南燕尚書郎晏謨所著的《齊地記》中提到：「古有日夜出，見於東萊，故萊子立此城，以不夜為名。……海底三更見日，光芒四起」。

《漢書地理志》的注解也提到山東東萊郡不夜縣名稱的由來，是因為半夜三更時分，「太陽」出現於海底，光芒四射。我想沒有人會說這是自然界的現象吧。

然而《管窺輯要日占論》說：「日夜出，天下大兵，社稷不祥。」可見古代的確是有太陽於晚上出現的現象，因此本例只能解釋為東萊城晚上曾出現一個發強光如太陽的幽浮。

前五五一年

《拾遺記卷三》：「周靈王立二十一年，孔子生於魯襄公之世。夜有二蒼龍自天而下，

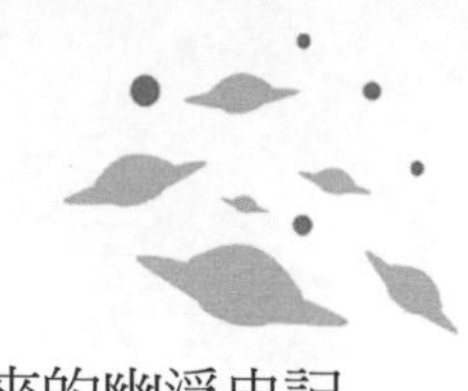

來附征在（孔子母親之名）之房，因夢而生夫子。有二神女，擎香露於空中而來，以沐浴征在。……又有五老列於征在之庭，則五星之精也」。

此處的五老應視為和虞舜在位時的五老一樣的人物，也就是說他們是五位高智慧的外星人，因此在孔子誕生時，有「二蒼龍自天而下」就是指二個發綠光的幽浮降落下來的記錄。

前五四九年

《拾遺記卷三》記載周靈王二十三年，「王乃登臺，望雲氣蓊鬱。忽見二人乘雲而至，鬚髮皆黃，非謠俗之類也，乘游龍飛鳳之輦，駕以青璃，其衣皆縫緝毛羽也。」

「乘雲而至」表示有兩個人乘不發光的飛行物體而來，他們鬚髮都是黃色的，顯示不是地球人種的毛髮顏色，所以說「非謠俗之類」，這些外星人駕駛的飛行器會發青色光，故曰「青璃」。

前四八四年

周敬王三六年，老子著《道德經》後不知所蹤，《拾遺記卷三周靈王》記有：「老冉在周之末，居反景日室之山，與世人絕跡。帷有黃髮老叟五人，或乘鴻鶴或衣羽毛，耳出於頂，瞳子皆方，面色玉潔，手握青筠之杖，與老冉共談天地之數。……五老即五方也。」

老子是中國著名學術人物，由文中知他和五位黃髮、耳朵高過頭頂上、瞳孔方形、面

色白的「老人」共談天地之數，可知這五位老人不會是地球人，應是指高智慧的外星人。

或許老子所知的宇宙大道都是外星人所告知的。

前三〇〇年

《拾遺記卷四》：「有黑蚌飛翔，來去於五嶽之上。昔黃帝時，務成子遊寒山之嶺，得黑蚌在高崖之上，故知黑蚌能飛矣。」

這個會飛的黑蚌當然不是自然界的蚌，因為幽浮的形狀和蚌極為相似，可見這應是指不發光的幽浮。

「有黑蚌飛翔，來去於五嶽之上？」
一九五八年巴西軍方在外海演習時，出現在附近的飛碟，當時的巴西總統宣佈承認飛碟的存在。（台灣飛碟學會檔案）

二、秦漢時期的幽浮記錄

前二二〇年

《拾遺記卷四》記載秦始皇二十七年前後，「始皇好神仙之事，有宛渠之民，乘螺舟而至，舟形似螺，沉行海底，而水不浸入，一名淪波舟，其國人長十丈，編鳥獸之毛以蔽形。始皇與之語及天地初開之始，了如親睹」。

這位來自「宛渠國」的人也向秦始皇說：「臣國在咸池日沒之所九萬里，以萬歲為一日。」

這些來自宛渠國的人一談起天地初開闢的事情，好像親自目睹，這已明白指出他們的天文知識比秦始皇時代要先進數千年，又發明可以入海的淪波舟，而且說出地球上的一萬年是他們的一日。這些種種記述用現代眼光來看，就是十足的外星人，「淪波舟」就是他們的飛行器。

前一五五年

《資治通鑒卷十五》漢景帝前二年八月，「熒惑逆行守北辰，月出北辰間，歲星逆行天廷中。」

《古今圖書集成卷廿五》也記有：「景帝二年秋，月出北辰間。」

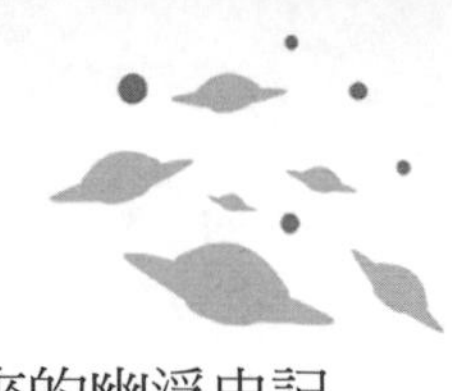

熒惑就是火星，歲星是木星，古代天文家知道火星、月球、木星是有其運行軌道，因此古人在這一則的注釋中就指明這是不正常的現象：「月有九行……去其極有遠近，終不能出北辰之間，出北辰間，失其行也。歲星……或守之、或出之、或逆行經之，皆變也。」北辰是北極星，在天球正北方，月球軌道是在天球的黃道，正好和北極星成九十度，以天文學角度言，月球是不會運行到北極星處，因此句中的火星和月球絕對不是自然天體，古人也說「皆變也」。

可見絕不是正常的天上星體，一個是呈紅色似火星的幽浮，另一個較大發白黃光看起來像月亮的幽浮。

前一四一年

《資治通鑒卷十六》記載漢景帝后三年，「冬十月，日月皆食，赤五日。十二月晦，雷，日如紫；五星逆行守太微；月貫天廷中。」

這兩件天象實在無法用自然現象來解釋，因為十月份連續五天都發生日食和月食，在全球天文學史上沒有如此的事件。

另外十二月份「五星逆行守太微」指水星、金星、火星、木星、土星五顆星同時逆行，並聚集在獅子座一帶，這是有可能但極為罕見的天象，因為此星座在天球黃道附近，是太陽系的行星運行的軌道附近。

不過「月貫天廷中」指月球在短時間內橫貫整個天空，這也絕不是正常的月球，可見應是一個看起來如月亮大的白色幽浮。

前一三九年

《資治通鑒卷十七》西漢武帝建元二年「夏四月，有星如日，夜出」。

《漢書武帝本紀》及《古今圖書集成庶征典卷十九》也記載：「四月戊申，有如日夜出」。

表示有一顆似太陽的光體在晚上出現。古人也都知道太陽不會在晚上出現，因此在晚上出現的一定不是太陽，因為明代楊慎著的《丹鉛總錄》也說：「漢書建元二年，有如日夜出，……日不夜出，夜出非日也。」早就聲明晚上出現的不是太陽，可見這是一個夜間出現發著如太陽般光芒的大幽浮了。

前一一〇年

《資治通鑒卷二十》記有西漢武帝元封元年「秋，有星孛于東井，後十餘日，有星孛於三台，望氣王朔言：『候獨見填星出如瓜，食頃複入。』」

這一段可研究的有三方面，第一方面是「孛」字，《辭海》曰「彗星也」，《漢書文帝紀》文穎注說「孛彗形象小異，孛星光芒短，其光四出，蓬蓬孛孛也；彗星光芒長，參參如掃雪。」指出孛星就是彗星，只是差異在於尾巴長短，彗星尾巴長，孛星尾短，因此

孛星的形狀是拖著短尾或沒有尾巴而光芒四射的亮星。

東井是雙子座東側附近，三台是天貓座和小獅座一帶，在當年秋天相隔十多天之間，分別在此二星座出現兩個光體，說它們是短尾的彗星，在已知的東西方天文學史上，還沒有如此出現頻繁的彗星，因此用幽浮視之才較合理。

第二方面是填星（即土星，填字讀「鎮」音），天文官王朔說看到長得像瓜一般的土星出現，吃一頓飯時間又不見了，正常的土星絕對不會有如此的現象，因此這是指長形的幽浮。

前七四年

二月三〇日，《漢書昭帝本紀天文志》：「元平元年二月甲申，晨有大星如月，有眾星隨而西行。」

《古今圖書集成》也說：「西漢昭帝元平元年，有流星大如明月，眾星皆隨西行。」

這是一個大小及亮度宛如月亮向西方飛行的不明光體。然而，眾星跟著它也向西飛行，就值得研究了，因為自然界的月亮和星星是不會如此的，因此絕不可當作正常天文現象。

只有一個可能，就是此大星是大的隕石，在它掉入大氣層時，碎出許多小塊，和大氣摩擦燃燒，以致看起來像小星星，所以它們的飛行路線都是一致的。

不過如此的大隕石應該會掉到地面，形成坑洞，本則未記它們墜地，似乎一直朝西飛去，所以也可當做一群幽浮。

前三二年

《資治通鑑卷三十》記載西漢成帝建始元年「八月，有兩月相承，晨見東方。」《古今圖書集成卷廿五》及《漢書成帝本紀》也有記載：「成帝建始元年秋八月，有兩月重見」。

相承，就是一在上一在下。《古今圖書集成庶征典卷十八》〈呂子明理篇〉說：「其日，有鬥食、有倍鞫、有暈耳、有不光、有不及景、有眾日並出、有晝盲、有宵見」。又說：「其月有四月並出，有二月並見，有小月承大月，有大月承小月。」

《觀象玩占．月雜變》：「兩月並出，相重，急兵至。……數月並出，國以亂亡。三四五六月並見，天下爭立帝。……在東方有小月承大月，小國毀大國，伐之為主凶。在西方小月承大月，大國勝。大月承小月，小國勝。」又說「月鬥，其下有流血，凡兩月三月皆有物，如月，非真月也。」

這些不同史書的記錄足以證明當天早晨確有兩個似月亮的東西在東方出現，這是確鑿的事件。

而且古人也知道它們不是真正的月亮，「如月，非真月也」，因此就能肯定說這是兩

個形狀和亮度似月的幽浮，才能圓滿解釋此則事件。

前三二年

十月二七日，《漢書天文志》記載西漢成帝建始元年「九月戊子，有流星出文昌，色白，光燭地，長可四丈，大一圍，動搖如龍蛇形，有頃，長可五六丈，大四圍，所詘折委曲，貫紫宮西，在鬥西北子亥間，後詘如環，北方不合，留一合所。」

本則和流星所呈現的天象相似，首先出現在大熊座頭部附近，然後飛行貫越大北斗小北斗一帶，大小變為原出現時的四倍，意指高度下降，看起來較大了。

但是無法用流星來解釋的是此光體「動搖如龍蛇形」，也就是說飛行路徑不是直線而是曲折形，加上形狀原來是長形後變為環形，這二點都不是自然界流星該有的現象，因此只能視為幽浮。

前十二年

五月十四日，《資治通鑑卷三十三》記有漢成帝元延元年，「夏四月丁酉，無雲而雷，有流星從日下東南行，四面耀耀如雨，自晡及昏而止」。

描述當天下午（台語「下晡」）至黃昏之間發生的事件，此段先說天上沒有雲卻打雷，此雷一定不是氣象上的雷，而是指出當時天上發出隆隆聲音。

然後看到太陽下方有「流星」向東南方向飛行，若以正常天象來看，白天下午時分天

上除了太陽以外，是看不到其他星體的，正常的流星現象也是要在晚間才看得到，而且流星亮度都很弱，絕對不會很亮（耀耀）的在白天出現。

通常流星也只是一下就熄滅，不會出現長達兩三個小時，因此本則從太陽下方慢速飛過的「流星」不會是天文上的流星，應該是大型發光體。

前十年前後

《拾遺記卷六後漢》談及西漢成帝末年期間，也就是元延年間，劉向遇到的事：「夜有老人，著黃衣，植青藜杖，登閣而進，說開闢以前事……至曙而去，向問姓名。云：『我是太一之精，天帝聞金卯之子有博學者，下而觀焉。』乃出懷中竹牒，有天文地圖之書，『餘略授子焉。』」

太平廣記將「太一」寫為「太乙」，指星名，《星經》曰：「太一星在天一南半度，天帝神，主十六神。」

我們由前列數則提及「老人」之記錄，以及本則中描寫此老人拿出天文地圖之書，即可知不是一般老人，是來到地球考察的博學外星人。

五十八年

《古今圖書集成卷三十六》：「東漢明帝永平元年夏四月，流星出天市」。

《後漢書天文志》：「永平元年四月丁酉，流星大如斗，起天市樓，西南行，光照

地。」

這兩則記錄同一事件。天市即巨蛇座。天文學上知道流星絕對不會亮到光能將地面照亮，可見這絕不會是正常的流星，而是大的發光體，而且飛行高度不高。

七十二年

《漢書天文志》：「東漢明帝永平十五年，太白入月」。

《古今圖書集成卷三十六》也記有「十五年十一月乙丑，太白入月中」。

太白星是金星，其軌道位於月球軌道之外，環繞太陽公轉，因為月球距離地球近，只有近的會遮住遠的，所以天文學上一定經常有「月掩金星」的現象，也就是說月球會擋住後方的金星，絕對不會出現金星飛入月面的現象，因此本則的金星絕對不是金星，而是一顆亮度及大小似金星的幽浮。

一〇八年

《資治通鑒卷四十九》記載漢安帝永初二年，「秋七月，太白入北斗」。

這個記錄乍看之下沒有疑點，但以天文學座標來研究，就知不可能了。因為金星（太白）運行軌道在天球赤道一帶，北斗七星是在天球北極一帶，位置座標相差約八十度，天文學上而言，金星是絕不會運行到北斗七星一帶的，因此這一個「太白」不是金星，而是像金星般亮度的幽浮。

「太白入月？」
這是一九七一年阿波羅十四號太空船在月球表面拍到的發光體。（NASA 檔案）

一一一年

《古今圖書集成卷三十六》：「漢安帝永初五年夏六月，太白晝見，經天」。

劉向的《五紀論》曰：「太白少陰，弱不得專行，故以巳未為界，不得經天而行，經天則晝見，其占為兵喪。」

古代「見」字讀音為「現」，就是出現之意。顯見古人已經知道太白金星和月亮都不會快速飛過天空而行的。

以天文學言，太白金星通常在清晨天泛白而太陽未升出地平面之前會出現在東方，以及黃昏時太陽已落下地平面天尚未全黑前會出現在西方，但是絕不會在正白天出現，此則在白天出現而且橫越天空飛行的金星不會是自然界的金星，一定是發強光物體。

一五八年

《古今圖書集成卷二十五》：「東漢桓帝永壽三年十二月壬戌，月蝕，非其月」。

《漢史天文志》也有記載。

本則記錄，古人已經明白的講出這個發生月蝕的不是月亮，任何人也不用替古人找理由來說明瞭，本則足以說明那就是個類似半月形的幽浮。

一六五年

《廿五史天文志》及《古今圖書集成卷二十五》均記載有「東漢桓帝延熹八年正月辛

巳，月蝕，非其月」。

此則和上則一樣，古人也知不是正常的月亮，應該是類似半月形的幽浮。

一六八年

《資治通鑒卷五十六》記錄漢靈帝建甯元年八月，「是月，太白犯房之上將，入太微」。

此則指太白金星侵犯房宿首星，也就是天球黃道上的天蠍座頭部一帶，然後進入室女座。

在天文學上，此二位置相隔四十五度，太白金星在短時間內飛行此距離，而被注意到且記下來，絕對不是正常的金星，應是似金星的幽浮。

一六八年

《後漢書五行志》：「漢靈帝建甯元年，日數出東方，正赤如血無光，高二丈餘，乃有景，且入西方，去地二丈亦如之」。

事件中的「太陽」只高二丈多，不發強光只是呈現血紅色，而且在東方出現數次，最重要的是它「有景」也就是「有影子」。

我想大家都會知道，如果是自然界的太陽會照出別的物體有影子，不會自己出現影子，因此可知此「日」絕對不會是太陽，而是一個當天出現數次的大紅色飛得很低的發光

幽浮。

一七三年

《後漢書天文志》：「東漢靈帝熹平二年四月，有星出文昌，入紫宮，蛇行，有首尾無身，赤色，有光照垣牆。」

本則記錄著一個發紅色的光體，首先出現在大熊座頭部附近，然後飛入大北斗小北斗一帶，但飛行路線像蛇一樣彎彎曲曲。

「有光照垣牆」應是指光照天空紫微「垣」星座邊緣，而不是地面上的牆。可見此不明光體很亮。

三、魏晉南北朝時期的幽浮記錄

二三六年

《資治通鑑卷七十三》記載魏明帝青龍四年一〇月「甲申，有星孛於大辰，又孛於東方」。

《公羊傳》說大辰就是「大火」，蔡邕曰：「自亢八度至尾四度謂之大火。」也就是說從天秤座及室女座中間的「亢宿」到天蠍座尾部的「尾宿」，在天球上東西約四五度南北約四〇度的天空範圍稱為「大火」。

這指當天有一個亮星出現在此範圍，又有另一個出現在東方，但沒有記明位置，可見這是平日不常見的兩顆不知名的星同時出現的事件，應該不是短尾四面耀光的彗星，而是幽浮。

二六〇年

《搜神記卷八》記載三國時代一件離奇事件：「吳以草創之國，信不堅固，邊屯守將，皆質其妻子，名曰『保質童子』。

「少年以類相與娛遊者，日有十數。孫休永安三年二月，有一異兒，長四尺餘，年可六七歲，衣青衣，忽來從群兒戲。諸兒莫之視也，皆問曰：『爾誰家小兒，今日忽來？』

答曰：『見爾群戲樂，故來耳。』詳而視之，眼有光芒，耀耀外射。

「諸兒畏之，重問其故，先乃答曰：『爾恐我乎？我非人也，乃熒惑星也，將有以告爾。三公歸於司馬。』諸兒大驚，或走告大人。

「大人馳往觀之。兒曰：『舍爾去乎！』聳身而躍，即以化矣。仰而視之，若曳一疋練以登天。大人來者，猶及見焉。飄飄漸高，有頃而沒。時吳政峻急，莫感宣也。後四年而蜀亡，六年而魏廢，二十一年而吳平，是歸於司馬也。」

這是一則極精彩的古代火星人事件記錄，因為文中穿青色衣服的異兒竟預言了二十一年後的政局，也就是三國時代的演變，竟完全正確。當時四年後蜀國亡，六年後吳國亡，二十一年後魏國也亡，統一中國的是開創晉朝的晉宣帝司馬懿。

這個異兒自稱「我非人也，乃熒惑星也」，明白指出自己不是地球人而是火星人（熒惑星），因此本則足可以用火星人來地球的觀點視之。

何況現代外星人目擊事件中不少「小綠人」的記錄，文中「長四尺餘，年可六七歲，衣青衣」的描述正是身高約一二〇公分穿著綠色衣服的外星人的寫照，更可證明只有用火星人的角度才能圓滿說明這一段記錄。

二六三年

《晉書天文志》：「三國魏元帝景元四年六月，有大星二，並如鬥，見西方分流南北，光燭地，隆隆有聲。」

天上有二個大星，在天上鬥來鬥去，出現於西方，卻分別朝南北二方向飛去，發出的光又能照地且發著隆隆聲音。這絕不是正常的流星，因為流星不會發出隆隆響聲，應是二個幽浮。

約二七〇年

《博物志卷十》記載晉武帝泰始六年前後：

「舊說云：天河與海通。近世有人居海渚者，年年八月有浮槎去來，不失期。人有奇志，立飛閣于查上，多齎糧，乘槎而去，十余日中猶觀星月日辰，自後茫茫忽忽亦不覺晝夜。去十餘日，奄至一處，有城郭狀，屋舍甚嚴。遙望宮中多織婦，見一丈夫牽牛渚次飲之。牽牛人乃驚問曰：『何由至此？』此人具說來意，並問此是何處，答曰：『君還至蜀都訪嚴君平則知之。』竟不上岸，因還如期，後至蜀，問君平，曰：『某年月日有客星犯牽牛宿。』計年月，正是此人到天河之時。」

當時年年八月有飛船（浮槎）來來去去，有一個人準備了糧食乘飛船飛上天。最精彩的是文中所描述的景況：「十余日中猶觀星月日辰，自後茫茫忽忽亦不覺晝夜」，正和從地球出發的太空飛行情況一樣，十餘日間仍在太陽系之中，所以還能看到日月星，等飛出太陽系後就空虛一片，不知晝夜了。

而這個飛到牽牛星的不明宇宙航行光體，被地面上的學者嚴君平先生觀測到。嚴君平名嚴遵，漢朝成都人，是著名的算命先生，會看天象，所以他說當天晚上「有客星犯牽牛宿」，表示看到一個平常沒有出現的星飛到牛郎星處。因此可以將此則視為相當精彩的古代外星旅行的記錄。

三〇一年

《資治通鑒卷八十四》記載西晉惠帝永甯元年，「閏月，丙戌朔，日有食之。自正月至於是月，五星互經天，縱橫無常。」注釋說「晝而星見午上為經天……今五星悉經天，天變所未有也。」

當年三月是閏月，因此本則指出從一月到三月都出現五顆星相互橫經天空，縱橫無常亂飛的現象。當時的天文官也注意到金木水火土五顆星在白天上午出現而經天是天變所未有的現象，可見這絕不是五顆正常的星，而是五個在天上亂飛的幽浮。

三〇一年

《資治通鑒卷八十四》：「夏四月，歲星晝見」。

《晉書惠帝本紀》中也有記載此事。

歲星是木星，絕不會在白天出現，以往的記錄也無此種現象，可見是不常見的，才被記錄在正史中，所以這個白天出現的木星應是幽浮。

三〇六年

《古今圖書集成卷三七》記有「西晉惠帝光熙元年四月，太白失行」。

本則極簡單的記錄了太白金星不在它的軌道上（失行），在此之前的古書中均無此類文獻，而且日後的記錄也沒有，可見這是單獨案例，事出奇特才被記錄下來。

可見這一顆不在金星軌道上飛行的太白應是亮度和金星一樣的幽浮。

三〇九年

《資治通鑑卷八十七》記載西晉懷帝「永嘉三年，春正月辛醜朔，熒惑犯紫微。」

熒惑是火星，軌道在天球赤道上。紫微垣是中國古星座名稱，分左右紫微垣，位於圍繞北極週邊二十度的大區域，距離黃道有七十度之遠，天文學已知火星絕不會跑到此區域的，因此文中的「熒惑」絕不是火星，而是發紅光似火星的幽浮。

三一四年

《資治通鑑卷八十九》：「西晉湣帝建興二年正月辛未，有如日隕於地；又有三日相承，出西方而東行。」

《晉書湣帝本紀》也記有「正月辛未辰時，日隕於地，又有三日相承，出於西方而東行。」

《古今圖書集成卷二十一》：「湣帝建興二年正月日隕地，又三日並出。」

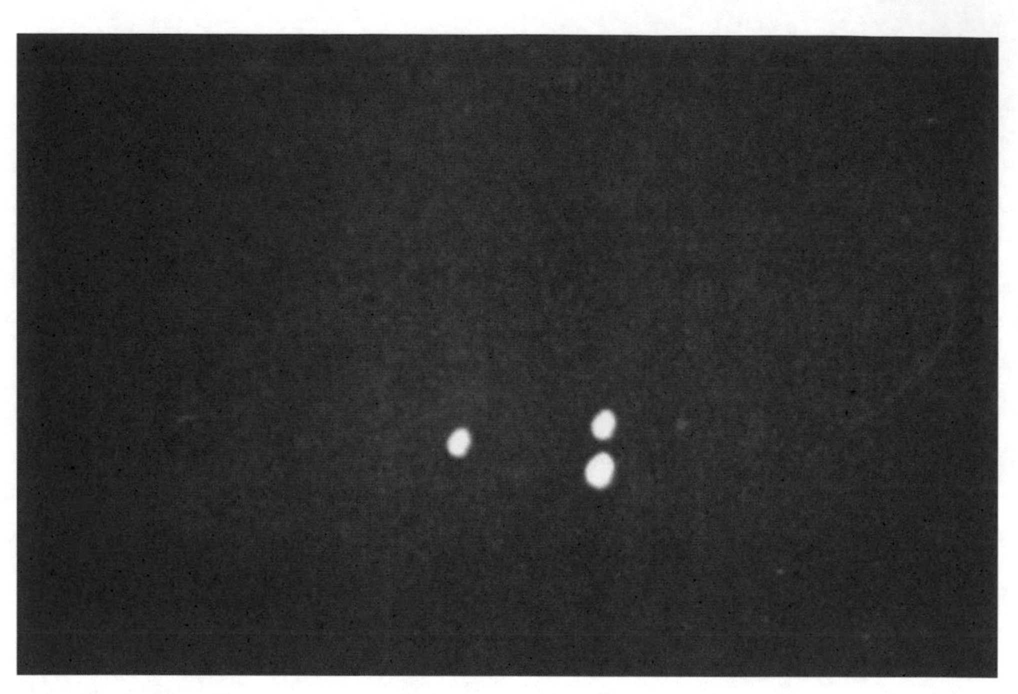

「又有三日相承？」
美國雙子星七號太空船在太空中拍攝到的三個亮幽浮。（NASA 檔案）

天文占說「三四五六日俱出並爭，天下兵作；又曰：三日並出，不過三旬，諸侯爭為帝。」

當時有三個太陽同時出現在西方向東方飛行，以天文學而言，絕對不會有此等事情發生。因此我們可以斷言，這三個發光體絕不會是正常的太陽，而是三個發強光的幽浮。

三一七年

《晉書湣帝本紀》：「西晉湣帝建興五年正月庚子，三日並照，虹蜺彌天，日有重暈，左右兩珥。」

《古今圖書集成卷二十一》也記有「五年正月庚子，三日並出」。

《晉書天文志》說「三四五六日俱出並爭，天下兵作亦如其數。」本則又和前則一樣是指三個發強光物體在白天出現，由於光景奇特，整個天空顯壯觀。

文中值得一提的是「日有重暈，左右兩珥」二句，前句表示此發光體有二道暈黑處，後句表示此發光體不是圓形而是左右側突出如耳，此形狀正是大家熟知的一般幽浮的具體描繪，足以證明並照於天空的三個太陽正是發光體無誤。

三一八年

《資治通鑒卷九十》記有東晉元帝太興元年「十一月乙卯，日夜出高三丈」。

《晉書天文志》記有「日夜出高三丈，中有青赤珥」。

前面已分析過「如日夜出」的日絕對不是自然界的太陽，而是大型發光體，本則又說此發光體的高度只有三丈，更足以證明不是太陽了，而且又說此發光體中央有發綠光和紅光的「耳」，正和一般兩側突出的幽浮形狀一樣，因此是幽浮無疑。

三二一年

《古今圖書集成卷二十一》記有東晉「元帝大興四年二月癸亥，日鬥。」

太陽只有一個，無法和其它物體相鬥，因此很簡單的本則所記錄的「日鬥」應是指有

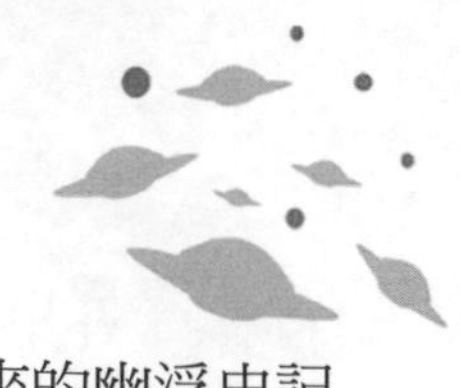

二個太陽在相鬥。問題是，自然界的太陽不會如此，可見只有用這是兩個大型發強光物體在天空上快速飛行追逐的現象，才足以圓滿說明本則的真相。

三二二年

《晉書天文志》：「西晉元帝永昌元年十月四日，日出山六七丈，精光暫昧，而色都赤，中有異物，大如雞子，又有青黑之氣共相博擊。」

由本文所言，是否指自然界的太陽上升到山頂六七丈時，發生一些怪現象？或文中的「日」是指太陽以外的「日」？

若是前者，指太陽突然變暗，呈紅色，並出現大如雞蛋的異物，且有青黑色的氣體。這樣的現象已夠離奇，相信天文學家也無法解釋此種現象為何發生，而且也不曾出現過。因此若勉強用天文現象來搪塞，並非科學態度。因此用大型不明光體視之反而覺得合宜，且能理解。

約三四〇年

《古今圖書集成》的《晉書庾亮傳》寫有某人在半夜：「見城內有數炬火從城上出，如大車狀，白布幔覆，與火俱出城，東北行，至江乃滅。」

數個大車形狀的「炬火」朝東北方飛行，如何用自然天象來解釋？因此只有視之為不明發光體。這數個不明發光體原本發光，飛到江上後就不亮了，此種從發光到熄滅的狀況在現代不少幽浮目擊事件都可見到。

三五四年

《晉書張祚傳》：「祚僭稱帝位，自稱涼王，其夜天有光如車蓋，聲若雷霆，震動城邑。」

本則描述一個體形狀如車蓋的不明發光體，發出雷霆大響聲，飛過該城。古代的「車蓋」就是一個上面圓弧下方平的形狀，這也正是一些幽浮的形狀。

三五七年

《古今圖書集成卷廿五》：「晉穆帝升平元年六月，秦地見三日並出。」

文中的「秦地」指和東晉穆帝同時期存在的五胡十六國的前秦廢帝的版圖，當時又有三個太陽同時出現，由書前所分析，這是三個亮如太陽的幽浮。

三五七年

《晉書符生載記》說五胡十六國時的前秦壽光三年，太史令康權告訴前秦皇帝符生：「昨夜三月並出。」

晚上同時出現三個月亮，絕不是正常天文學可能的事，這就和「三日並出」一樣，只是亮度只像月亮的發光體。

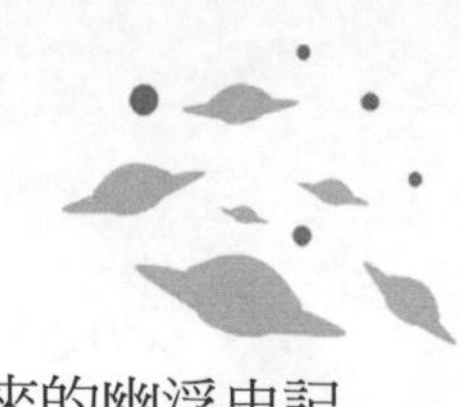

四一五年

《資治通鑒卷一一七》：「東晉安帝義熙十一年九月，魏太史奏，熒惑在匏瓜中，忽亡不知所在……，後八十餘日，熒惑出東井，留守句己，久之乃去。」

「匏瓜」是海豚座，「東井」是雙子座。文中指火星熒惑先出現在海豚座，突然消失不見，八〇多天後出現在雙子座。問題是，此二星座在天空相隔二一〇度，而且海豚座離天赤道有三〇度，不是火星該出現的位置。

《新唐書天文志》有說：「去而複來，是謂句己。」《晉書天文志》也說：「乍前乍後，乍左乍右……句讀曰鉤，鉤己謂環繞而行如鉤，又成己字也。」

可知此「火星」運行路徑在雙子座時成己字型，反反覆覆的，很久才飛走。因此，足以說明這絕不是正常的火星，應是一個發紅光似火星的幽浮的飛行行為。

四三一年

《宋書天文志》及《魏書天文志》均有記載：「南朝宋文帝元嘉七年十二月丙戌，有流星大如甕，尾長二十餘丈，大如數十斛船，赤色，有光照人面，從西行經奎北大星，南過至東璧止。」

這個發紅光的幽浮很大，發著紅光，而且也照亮了人面。它的路徑是從西方飛向東方，從仙女座（奎）北方飛到南方，「東璧」指璧宿的東邊，也是在仙女座的範圍內。

四五二年

《古今圖書集成卷廿一》：「宋文帝元嘉廿九年十一月，日始出如血。」

《宋書天文志》也記有：「十一月己卯朔，日始出，色赤如血，外生牙塊，迭不圓。」

在天文上有時太陽出升時，因大氣層因素，會看起來比平常紅。不過本則又描述此太陽外邊生有突出物，形狀不圓，正是幽浮的造型。

四七九年

十一月四日，《南齊書天文志》記有南朝齊高帝建元元年十月癸酉，「流星自下而升，名曰飛星。」

大家都知道天上所有的星星都不會從低處往上飛升起，流星也是從上空往下掉落，因此本則將流星特稱為飛星，正指出其不尋常處，可見其應為幽浮。

四八六年

十月三日，《魏書天象志》「北魏孝文帝太和十年八月戊寅，又有流星出日西南一丈所，西北流，大如太白，至午，西破為二段，尾長五尺，複分為二，入雲間。」

白天在太陽西南方約一丈之處出現一個大小如金星的強光星體，向西北飛去，到中午分成二個，然後飛入雲間。這樣的物體實在無法用自然界的金星來解釋，只能說其為幽浮。

五二〇年

十月二五日，《江蘇建康志》：「梁武帝普通元年九月乙亥，夜有日見東方，光爛如火。」

這又是一個晚上出現在東方且發強光的大型幽浮。

五二六年

十一月，《魏書天象志》：「北魏孝明帝孝昌二年十月，有星入月中而滅。」

一個會飛入月球表面而後熄滅的星體絕對不會是行星，只有一個可能，就是其為大的流星掉落在月球，但是月球表面空氣極稀薄，在地球上用肉眼是看不到月面隕星的現象，因此本則應視為飛到月球的幽浮。

五四八年

六月，《古今圖書集成卷廿五》記有南朝梁武帝「太清二年五月，兩月見。」

《隋書天文志》也有同樣記載。

梁朝建都在建康（南京），因此本事件當發生在江南。當天有二個月亮同時出現，事不尋常，所以才會被記錄下來，可見應為兩個大型發黃白光似月亮的幽浮。

五五九年

《隋書五行志》：「永定三年春正月，仙人見於羅浮山寺小石樓，長三丈許，通身潔

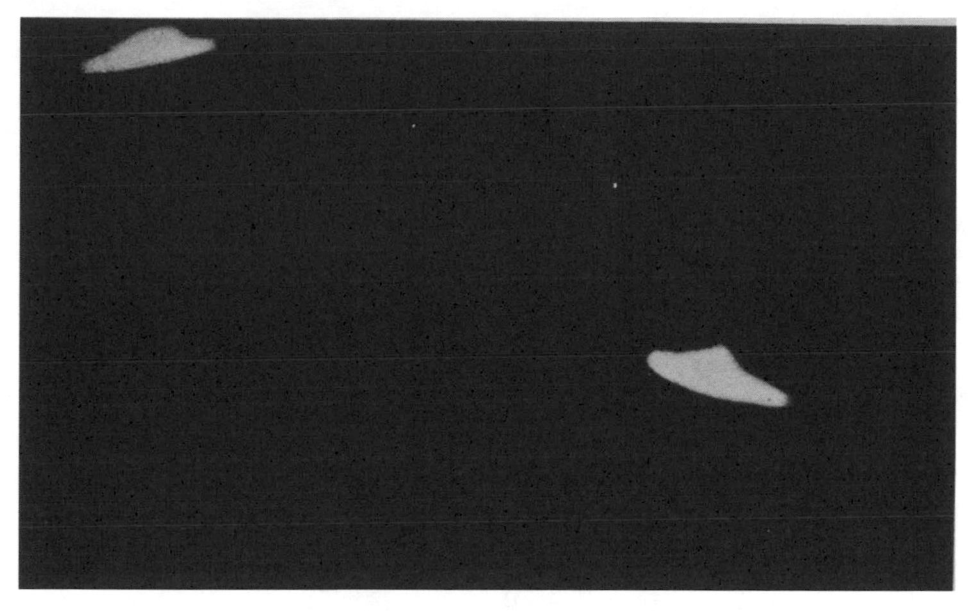

「兩月見？」這是一九七〇年代，臺北市民池仲傑在景美所拍的飛碟。（台灣飛碟學會檔案）

白，衣服楚麗。」《陳書武帝本紀》也有記載。

有什麼仙人「身高三丈、身穿連身銀亮白衣」？當然不會是古代的地球人，之所以被稱為仙人，也不是地球人。所以正解應視其為身穿銀色太空衣的外星人。

五七九年

七月十六日，《隋書天文志》：「北周靜帝大象元年五月癸醜，有流星一，大如雞子，出氐中，西北流，有尾長一丈許，入月中，即滅。」

這個「流星」從天秤座（氐）出現，向西北方飛，飛入月球後熄滅。當然不會是正常的流星，而是飛到月球的幽浮。

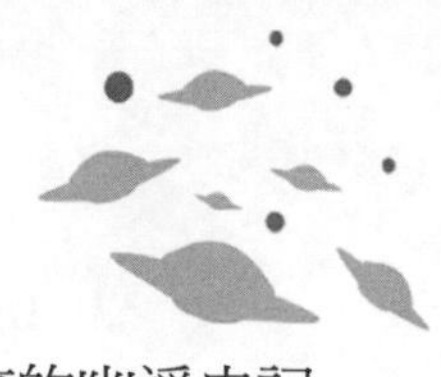

四、隋唐五代時期的幽浮記錄

六〇四年

《古今圖書集成卷廿五》：「隋文帝仁壽四年六月庚午，有星入於月中。」

又是飛入月亮的星，當然又是幽浮了。至此我們已經看過數則飛到月球的星體記錄，值得我們進一步探討，是否表示月球尚有一些未知的和幽浮外星人有關的秘密？說得更白一點，月球是不是外星人的基地？

六二六年

《資治通鑑卷一九一》記有唐高祖武德九年「六月丁巳，太白經天」，注釋中說「晝見午上為經天」。

古代在白天的上午出現的現象稱為「晝見」，可見這又是一個白天飛越天空的如金星大小的幽浮。

六二七年

《古今圖書集成卷二十二》：「唐太宗貞觀初，突厥有五日並照。」

《古今圖書集成卷二十五》：「唐太宗貞觀初年，突厥有三月並見。」

《新唐書天文志》也記有「貞觀初，突厥有三月並見。」

指現在的西域一帶突然天上同時出現五個太陽，或是出現三個月亮，這些全是不可能的正常天象，應該就是大型似太陽的幽浮記錄。

六四八年

十一月十一日，《舊唐書天文志》：「唐武后光宅元年九月二十九日，有星如半月，見西方。」

農曆二九日是不會有月亮的日子，這一天在西方出現一個似半月型的物體，當然不是月亮，而是半月型的幽浮。

六七七年

《古今圖書集成卷二十五》：「唐高宗儀鳳二年正月甲子朔，月見西方。」

每天晚上月亮都會有位於西方的時候，而且有時在白天也可以看到月亮，若是如此，則為常態天象，不值得被記錄下來。此則特地記錄不該有月亮的「朔」日，當天出現月亮，足見這絕對不是月亮，而是似月大小的白黃光幽浮。

七一七年

《新唐書五行志卷三十四》記有「唐玄宗開元五年，是歲，潭州災，延燒州署，州人見有物，赤而墩飛來，旋即火發。是年衡州災，延燒三百餘家，州人見有物大如甕，赤如燭籠，所至火即發。」

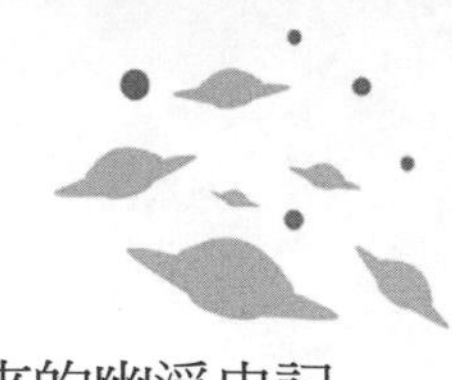

「墩」是明亮之意，這兩個紅而亮會飛的物體曾引起火災，似可歸為流星隕石，但若不是隕石則應為幽浮。

七一九年

唐玄宗開元七年，薛用弱撰的《集異記》寫到：「唐裴公都督廣州，仲秋夜漏未艾，忽然天曉，星月皆沒，而禽鳥飛鳴矣，舉郡驚異之，未能諭，然已晝矣。斐公於是衣冠而出，軍州將吏則已集門矣。遽召參佐洎賓客至，則皆異之。……良久，天色昏暗，夜景如初，官吏則執燭而歸矣。……數月之後，有商船自遠南至，因謂郡人云：我八月十一日夜舟行，忽遇巨鼇出海，舉首北向，而雙目若日，照耀千里，毫末皆見，久之覆沒，夜色依然。征其時，則裴公集賓寮之夕也。」

當晚海中出現一個形似「巨鼇」的物體，向北方飛去，它的兩個眼睛發出類似太陽那樣強的光，照得千里內都極明亮，俟其消失後，就依然是原來的夜色。

自然界的鼇是不會發光飛行的，海裡的生物如電鰻也只是發些微光，因此「巨鼇」絕不是海生物，應是大型的幽浮。

七八七年

《南唐書先主書》：「唐德宗貞元三年夏四月，上辛始郊祀於圓丘，大赦境內，是夜，月當以子初沒，而升壇之際，皎然如晝，眾咸異之。」

天文官知道當天的月亮應該在「子時初」十一時多就看不到，但是他們祭祀升壇的時候，竟有一個亮得像白晝的月亮，讓他們覺得很怪異。此皎然如晝的月當然不是正常的月，應是發白光的幽浮。

八〇九年

《古今圖書集成卷廿二》：「唐憲宗元和四年閏三月，日旁有物如日。」

《唐書天文志》也有記載此事。

當天太陽旁邊又出現一個類似太陽的發光物體，絕對無法用天文學來解釋的，只能說它當然是發強光的幽浮。

八一四年

二月，《新唐書天文志》：「唐憲宗元和九年正月，有大星如半席，自下而升，有光燭地，群小星隨之。」

「席」是桌子，有一個半個桌子大小的星從下方升起，光亮照地，後面跟著一些小星。大家都知道星是不會從低處往高處飛，因此本則明顯的是記錄幽浮。

八二二年前後

唐朝段成式所撰的《酉陽雜俎卷一》記有「唐穆宗長慶年間，八月十五夜，有人玩月，見林中光屬天，如疋布，其人尋視夜，見一金背蝦蟆，疑是月中者，工部員外郎張周封嘗

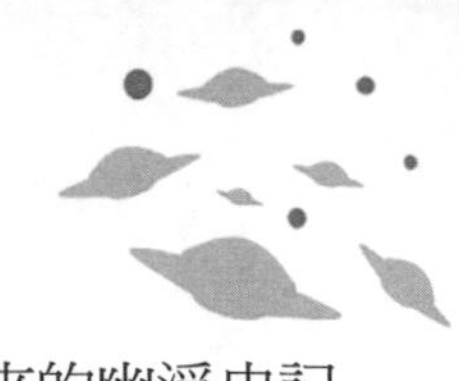

說此事，忘人姓名。」

此事被明末毛晉訂正的書《津逮秘書》中也有收錄，明末商浚的《稗海叢書》及清嘉慶年間張海鵬所編的《學津討源》也都有。

可見是當時頗為流傳的事件。「金背蝦蟆」的形狀就是一個發金光的幽浮的形狀，可見這是一個降落在地面的幽浮。

八二一年

九月十七日，《新唐書天文志》：「唐穆宗長慶元年八月辛巳，東北方有大星，自雲中出，色白，光燭地，前銳後大，長二丈餘，西北流入雲中滅。」

這個大星從東北方飛出，飛入西北方雲中，發著照耀地面的白光，形狀是前尖後鈍的長三角形，應不是自然界的流星，而是大的雪茄型幽浮。

八三八年

六月四日，《新唐書天文志》：「唐文宗開成三年五月乙丑，有大星出於柳張，尾長五丈餘，再出再沒。」

此大星在長蛇座附近二度出沒，若是自然界的流星只會出現一次就消失，天文學上也沒有星體再出再沒的現象，除非是被雲擋住，但是被雲擋住是極普通的日常所見，天天都會如此，絕不會被記錄下來的。因此文中所指應是幽浮。

八四一年

七月廿二日，《舊唐書天文志》：「唐武宗會昌元年七月己巳，北方有流星，經天良久。」

流星劃過天空是常見的天象，不值得記下來，此處會記錄，重點是此流星「經天良久」，也就是說此流星的出現是在上午，而且飛行速度很慢，不像正常的流星，因此只能說其為幽浮。

八七二年

《新唐書天文志》：「唐懿宗鹹通十三年春，有二星從天際而上，相從至中天，狀如旌旗，乃隕。」

有二個星從天際往上飛到中天，形狀如旌旗般長方形，然後消逝。這當然不會是自然界的星，應是兩個幽浮。

八七三年

八月十八日，《新唐書五行志》：「咸通十四年七月，僖宗即位是日，黑氣如盤，自天屬含元殿庭。」

一團盤狀的黑氣從天空中飛到含元殿上空，這無法用自然界現象來解釋，但若視之為不發光的幽浮，在天上看起來黑黑的，則極為明白易懂，因此這應是前來觀看僖宗即位的

幽浮。

八七五年

《新唐書天文志二十二》：「唐僖宗乾符二年冬，有二星，一赤一白，大如斗，相隨東南流，燭地如月，漸大，光芒猛烈。三年，晝有星如炬火，大如五升器，出東北，徐行，隕於西北。」

一個發紅光一個發白光的圓形物體，向東南方飛去，照得地面像月光所照，距離越近光越強。這樣的現象不是自然界的流星所有的，故應為二個極強光的幽浮。

八七六年

《新唐書天文志》：「唐僖宗乾符三年，晝，有星如炬火，大如五斗器，出東北，徐行隕於西北。」

又是一個像五斗器般的大星，發著炬火般的光芒，從東北飛向西北而消失，若是在晚上有可能解釋為大型流星，但它卻是在白天出現，且很明亮，這就不是流星可以解釋了，因此應為大型幽浮。

八七七年

《新唐書天文志》：「唐僖宗乾符四年七月，有大流星如盂，自虛危曆天市，入羽林滅，占為外兵。」

本則看似無奇，但深入瞭解星座位置後就知道不尋常了，因為「危、虛」兩個星座即小馬座和飛馬座一部份，天市約在天鷹座和盾牌座一帶，而羽林是在寶瓶座末端一帶，後二者正好位於以虛危為中間的兩側，因此這個大流星從小馬座與飛馬座之間飛到天鷹座盾牌座一帶，然後折回來飛到寶瓶座末端，自然界的星星絕對不會如此飛行的，因此此種不尋常天象才會被記錄下來，可見其為幽浮才對。

八八〇年

明朝人曹學佺的《蜀中廣記》引述《洞天集》一則事件：「唐僖宗廣明一年，嚴遵（嚴君平，漢成都人，著名算命先生）仙槎，唐置之於麟德殿，長五十餘尺，聲如銅鐵，堅而不蠹。李德裕截細枝尺餘，刻為道像，往往飛去複來，廣明以來失之，槎亦飛去。」

「槎」就是船的意思，指當時有一個長五十餘尺的「仙船」，很堅硬，發出機械式的聲音，常常飛來飛去，後來就飛走了。很明白的這就是一艘古代來到地球的太空船。

八九六年

十一月，《新唐書天文志》記有「唐昭宗幹寧三年十月，有客星三，一大二小，在虛危間，乍合乍離，相隨東行，狀如鬥，經三日而二小星沒，其大星後沒。」

有一大二小如作客般的星出現在小馬座和飛馬座一帶，飛向東方，離奇的是此三星一會兒分一會兒離，距離不等，又好像在戰鬥狀，這都是非自然界的星星該有的現象，因此

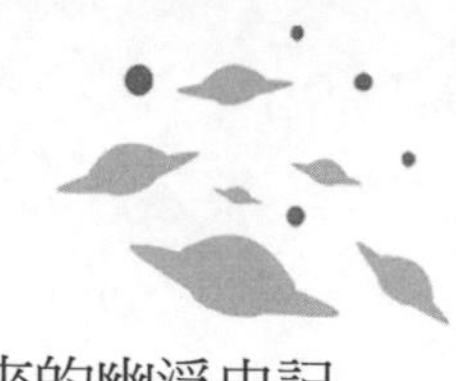

只能視為三個幽浮。

九〇一年

六月，《新唐書天文志》：「唐昭宗天複元年五月，有三赤星，各有鋒芒，在南方，既而西方北方東方亦如之，頃之又各增一星，凡十六星，少時先從北滅。」

南方、西方、北方、東方四方先各出現三顆發紅光的星，後來又各增加一顆，不多久又依序消逝。

天文學上從沒有此種四方出現四星的奇怪現象，可見絕不是自然界的星，應是一群幽浮。

九〇二年

二月，《新唐書天文志》：「唐昭宗天複二年正月，客星如桃，在紫宮華蓋下，漸行至禦女。丁卯，有流星起文昌，抵客星，客星不動。」

客星即超新星，就是新近爆炸的星球，未爆炸之前在天上由於亮度很暗看不到，爆炸時發出明亮的光才被發現，而後又熄掉看不到，因此被稱為作客式的星。不過一般天文學上的客星都只是一個亮點，不會看起來像桃子樣的大小，而且也不會移動。

本則的客星從仙后座移到天龍座，已不是正常的超新星行為。數天後又有流星從大熊座飛到天龍座的客星處，在天上飛行近五十度的遠距離，也不是流星該有的行為。

因此文中的客星和流星均為不明發光體，但二者似有進一步的關係值得研究。由大小分析，如桃的客星應比亮點似的流星大很多，而客星不動，流星飛向它，似乎告訴我們客星是幽浮母船，而流星是小幽浮。

九〇五年

四月十三日，《新唐書天文志》：「唐哀宗天佑二年三月乙丑，夜中，有大星出中天，如五斗器，流至西北，去地十丈許而止，上有星芒，炎如火，赤而黃，長五丈許，而蛇行，小星皆動而東南，其隕如雨，少頃沒，後有蒼白氣如竹叢，上沖天，色懵懵。」

此星從中天飛向西北便停止，任何人都不會以自然界星體來視之，而且其高度只有十丈多，色紅似火，會蛇行，之後便向上沖入天空，消失不見。足見它是一個發紅光的幽浮。

九〇六年

十二月，《新唐書天文志》：「唐哀帝天佑三年十二月，昏，東方有星如太白，自地徐上，行極緩，至中天，如上弦月，乃曲行，頃之分為二。」

這個類似太白金星樣的「星」從地面向上飛行，到中天以後大如上弦月，運行軌道是曲形的，後分為二。星是不會從地面往上飛行的，因此現象絕對不會是自然界星體所為，上弦月的形狀正好像幽浮，因此極為明確可言其為幽浮。

九四九年

《資治通鑒卷二八八》記載後漢隱帝幹佑二年「夏四月壬午，太白晝見，民有仰視之者，為邏卒所執，史弘肇腰斬之。」

一個太白金星在白天出現，抬起頭來看就被抓走腰斬，這樣的事件實在離譜，可見此為一個白天飛越天空如金星大小的幽浮才對。

五、宋遼金時期的幽浮記錄

九六〇年

《續資治通鑒卷一》：「宋太祖建隆元年正月癸卯，趙匡胤軍中知星者河中苗訓，見日下複有一日，黑光摩蕩，指謂匡胤親吏楚晤輔曰：『此天命也。』」

趙匡胤時期出現太陽下方又有一個太陽，當然不會是自然界的太陽，顯是發著強光的幽浮。而此二個物體在白天太陽附近出現，亮度不亮，所以描述為「黑光」，又飛來飛去的在附近摩蕩。

九六九年

七月二十日，《宋史天文志》：「宋太祖開寶二年六月己卯，有星出河鼓，慢行，明燭地。」

這個出現在天鷹座（河鼓）的星星，飛行速度很慢，放出的光能照到地上，可見高度不高，絕對不會是星體，而是一個幽浮。

九七四年

《唐後主本紀》：「甲戌歲，有神首見於城樓，大如車輪，額有珠光，燦如日月，數日而沒。」

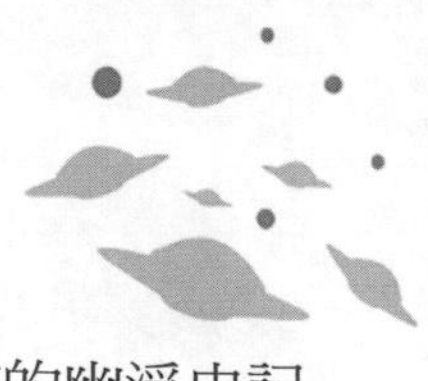

唐後主就是著名的李後主，他在位期間曾有大小如車輪圓盤狀的「神首」出現在城樓上方，「額有珠光」就是說幽浮前方有兩處大照明燈，而此發光體很亮，出現數天之後才消失，可見此「神首」就是幽浮。

九八八年

七月十二日，《宋史天文志》：「宋太宗端拱元年閏月五月辛亥，丑時有星出奎，如半月，北行而沒。」

這個半月狀的星出現在仙女座（奎），向北飛行後就消失。半月狀就是幽浮無疑。

九九一年

《宋史天文志》：「宋太宗淳化二年七月癸酉，有星出雲雨側，色青白，緩行三尺餘沒。」

有顆青白色的星出現在雙魚座旁邊，慢慢飛行三尺就消失了，足見不是正常的星，而是幽浮。

九九二年

七月廿九日，《宋史天文志》：「宋太宗淳化三年六月己醜，有星出天市垣屠肆東，色青白，西北慢行丈余，分為三星，從而沒。」

又是一顆青白色的星出現在蛇夫座武仙座間的東邊，向西北方慢慢移動一丈多，分成三顆星，後就消失。這當然不是正常的星。

九九四年

十月七日，《宋史天文志》：「宋太宗淳化五年八月己酉，常星未見，有星出東方，色青白，東北慢行，至濁沒，大約出奎婁間。」

這一天，正常的星都未出現，卻有一顆青白色的星出現在東方，向東北方慢慢飛行，到仙女座白羊座間就不見了，應視為幽浮。

九九六年

二月十三日，《宋史天文志》：「宋太宗至道二年九月丁酉，平明，有星出北方，東行三丈余，分為三星，從而沒。」

本則和前數則記述法相同，均可視為幽浮。

一〇〇八年

《續資治通鑒卷二十七》記載宋真宗大中祥符元年冬十月庚寅，「司天言：五星順行同色。……壬子，左右言：日重輪，五色雲見。」

五顆星同時呈同樣顏色且一起飛行，學過天文的人均知其為不可能。從庚寅到壬子歷經二十三天，出現兩個重疊日輪式的太陽，且又出現五色雲，這些都不是正常現象，所以被正史記錄下來，可見這些都是幽浮。

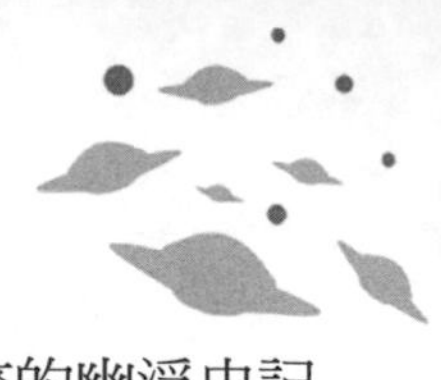

一〇一一年

《續資治通鑒卷二十九》記有宋真宗大中祥符四年二月「辛酉，司天奏言：黃氣繞壇，月重輪，眾星不見，惟大角光明。」

天官上奏皇帝說出現兩個重疊及黃光的月亮，由於亮度很亮，看不到其它的星星，只有牧夫座首星大角星放光明。可見這個重輪的月就是幽浮。

一〇一三年

《續資治通鑒卷三十》記載宋真宗大中祥符六年「春正月癸巳朔，司天言：五星一色。……四月壬午，太白晝見。」

又是五顆星呈現相同顏色，到了四月，太白金星在白天出現，均如本書前列所分析，應視之為幽浮。

一〇一四年

十一月廿五日，《宋史天文志》記載宋真宗大中祥符七年十一月癸未，「有星晝出日西南，尾跡二丈餘，闊三寸許，青白色，西流而沒。」

記錄有一顆星在白天出現於太陽的西南邊，呈青白色，向西飛行後就消失。正常天象中，沒有任何一顆星會在白天亮得在太陽附近都能被看到的，可見這個星絕對不會是普通的星，而是幽浮。

一〇一八年

《續資治通鑒卷三十四》記錄宋真宗天禧二年五月「丙戌，河陽三城節度使張旻言：『近聞西京訛言，有物如帽蓋，夜飛入人家，又變為大狼狀，微能傷人，民頗驚恐，每夕皆重閉深處，至持兵器捕逐。』」

這個形狀「如帽蓋」的物體又會變成大狼狀，還會飛入人家，實在無法讓我們想像是何飛行物體，因此視為幽浮就對了。

「有物如帽蓋？」這是一九七一年美國航空太空總署阿波羅 14 號任務第六位登陸月球的太空人 Edgar Mitchell 拍到的飛碟。（NASA 檔案）

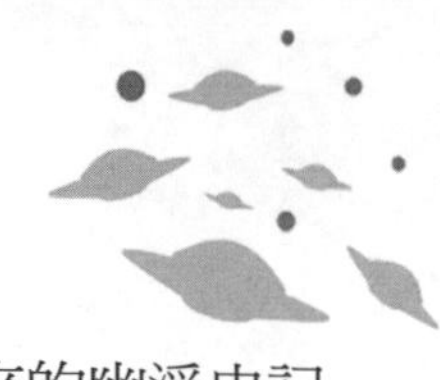

一〇二五年

《續資治通鑑卷三十六》：「宋仁宗天聖三年冬十月乙卯，太白犯南斗。」

太白金星運行軌道在黃道一帶，南斗是指武仙座南方，兩者距離四十度，金星絕不會運行到此處的，因此它是類似金星的幽浮。

一〇三四年

《續資治通鑑卷三十九》記載宋仁宗景佑元年八月「甲戌，司天言孛星不見。」

這一天天官說有個光芒四射的星不見了，可見它不是平常就常出現的星，後又消失，當然是幽浮。

一〇三七年

宋朝淮陽百一居士《壺天錄》書中記載：「丁丑歲七月十七日，揚州一士子夜讀，忽見北首牆上光明若晝，以為鄰人失慎，急趨出視之，則天半有一紅球，大如車輪，華彩四射，流於雲端，隱約有聲，餘光越三刻如斂盡焉。次日，通城轟傳，所見皆一。……蘇城於此月十六日，有火光一道，大若車輪，自西而東，如星之隕，如電之掣，霍霍有聲，閭門外居民悉見之。」

當天夜晚揚州天邊出現一個形狀如車輪般的大紅球，華光四射，飛在雲間，又可聽到響聲。前一天蘇州也出現形狀大如車輪發火光的物體，飛行速度很快。這個記錄很明顯的可以看出就是兩個幽浮的事件。

一〇五六至一〇六三年間

北宋沈括《夢溪筆談》記有：「宋仁宗嘉佑年中，揚州有一珠甚大，天晦多見，初出於天長縣陂澤中，後轉入甓社湖，又後乃在新開湖中，凡十餘年，居民行人常常見之。余友人書齋在湖上，一夜忽見其珠甚近，初微開其房，光自吻中出，如橫一金線，俄頃忽張殼，其大如半席，殼中白光如銀，珠大如拳，爛然不可正視，十余里間林木皆有影，如初日所照，遠處但見天赤如野火，倏然遠去，其行如飛，浮於波中，杳杳如日。古有明月之珠，此珠色不類月，熒熒有芒焰，殆類日光。」

這一則是研究古中國幽浮事件最常被引用的資料，因為描述極詳細。

由文中可知一個很大的「珠」會發出強光，使人眼不可正視，又會飛行也會潛入湖中，作者也說它不是昏黃似月光而已，而是熒熒有芒焰像日光。自然界的珠不會有這些現象的，由這些特徵可知它其實就是一個發光幽浮，亮得將附近十多里的林木照得都有影子。

一〇六一年

《續資治通鑒卷五十九》宋仁宗嘉佑六年六月「乙丑太白晝見；壬申，歲星晝見。」

首先是金星在白天出現，隔七天後，又見木星在白天出現，這都是不可能的天象，只有視之為幽浮。

一〇六二年

《續資治通鑑卷六十》宋仁宗嘉佑七年「六月丙子朔，歲星晝見。……秋七月戊申，太白經天。」

由前數則分析可知，一個是似木星的幽浮，另一個是白天飛越天空似金星的幽浮。

一〇六七年

《續資治通鑑卷六十五》宋英宗治平四年「七月辛丑，熒惑晝見，凡三十五日。」火星在白天出現三十五天的異常現象被記錄了下來，可見是前所未有的天象，因此這明顯就是指一個發紅光似火星的幽浮。

一〇七一年

宋神宗熙寧四年，名詩人蘇東坡被調離京師，任命為杭州通判，在上任途中，十一月二十七日來到江蘇鎮江，暢遊金山寺。

當晚老僧請蘇東坡留宿，以便次日觀日出奇景。晚上就在江邊吟詩，沒想到看到了幽浮，蘇東坡便將當時情形寫成詩，題為〈遊金山寺〉：「……是時江月初生魄，二更月落天深黑，江心似有炬火明，飛焰照山棲鳥驚，悵然歸臥心莫識，非鬼非人竟何物……（自注：是夜所見如此）……」。

明代劉績所著的《霏雪錄》也有對此事件的探討：「東坡遊金山寺，二更月落，天色深黑。見江心有炬火，明焰燭山，棲鳥皆驚，故坡有『悵然歸臥心莫識，非鬼非人竟何物』之句，予謂此非怪，乃陰火也。」

劉績試圖解釋蘇東坡所見的現象，說這是「陰火」，此種解釋錯了。因為陰火就是「磷火」，大家都知道磷火的發光度不高，呈淡青黃白色居多，絕不會亮得照遍全山。

這一則正確的觀點應是為水底發光的幽浮。

一〇七八至八五年間

《文昌雜錄》記有「宋神宗元豐年間，秘書少監孫莘老，莊居在高郵新開湖邊，一夕陰晦，莊客報湖中珠見，與數人同行小草徑中，至水際，見微有光彩，俄而明如月，陰霧中人而相睹。忽見蚌蛤如蘆席大，一殼浮水上，一殼如帆狀，其疾如風。舟子飛小艇競逐之，終不可及，既遠乃沒。」

又是湖中出現亮如明月的珠的事件，其形狀如蚌蛤，飛行速度疾如風，因此只有視為幽浮方能解釋書中所記的現象。

一〇八七年

《續資治通鑑卷八十》宋哲宗元佑二年六月「壬寅，有星如瓜，出文昌。」

有一個長形似瓜出現在大熊座的星體，古書簡單的記錄，應為長型的幽浮。現代目擊紀錄中也不乏這種形狀的，而且體積較大，被認為是幽浮母艦。

'UFO' on NASA camera

By TIM UPTON

WASHINGTON: The object is certainly unidentified and appears to be flying.

Whether this enlarged image really shows a UFO piloted by aliens remains to be seen. But according to the people who released it this photo and hundreds like it are the best evidence yet of the existence of spacecraft from other worlds.

UFO investigators say the image was captured by the Solar and Heliospheric Observatory (SOHO), a NASA satellite that was launched in 1996 to observe the sun. Since then, it is said, SOHO has captured hundreds of images of UFOs moving along a kind of alien superhighway.

SOHO is more than 1.5 million kilometres from Earth, with its camera trained towards the sun. Experts say the photographed objects are likely to be only hundreds of kilometres from its lenses.

Graham Birdsall, editor of *UFO* magazine, said: "The images are irrefutable in that they are from official satellites owned by NASA. They resemble the kind of spacecraft we used to see in sci-fi films like *Star Trek*."

UTTERLY ALIEN: The image investigators say shows a UFO.

UFO-Hunt.com

「有星如瓜」？這是美國航太總署於二〇〇一年一月一八日拍到的長型飛碟。（NASA 檔案）

一一〇一年

《續資治通鑒卷八十七》宋徽宗建中靖國元年「春正月壬戌朔，有赤氣起東北亙西南，中函白氣，將散複有黑祲在旁。」

「祲」指妖氣，就是不知名的氣體現象。當天是朔日，在東北方出現紅氣，橫越到西南方，中間含有白氣，在將散時又有黑氣出現。這樣的現象極為少見，數千年的歷史中也沒有幾則，因此被記錄下來，我們在無法解釋的情況下，視其為幽浮似乎也是一途。

一一〇二年

《續資治通鑒卷八十七》宋徽宗崇甯元年「五月丁巳，熒惑入斗。」

熒惑是火星，它的軌道是在黃道上，北斗是在大熊座，兩者距離五〇多度，火星是絕對不會運行到這個軌道的，可見此為發紅光的幽浮。

一一一〇-一一六年間

《江蘇金陵縣誌》：「宋徽宗大觀四年，有星如月，徐徐南行而落，光照人物，與月無異。」

《新刊大宋宣和遺事》：「宋徽宗政和六年十一月，有星如月，徐徐南行而落，光照人物，與月無異。」

「有星如月」和「與月無異」均描寫出此物體不是月亮，而是圓盤狀發黃白光似月的

東西，而且月球是不會慢慢地向南方飛去的，當然是幽浮了。

一一一七年

《續資治通鑑卷九十二》宋徽宗政和七年「十二月甲寅朔，有星如月。」

《契丹國志》也有記載「有星如月，徐徐南行而落，光照人物，與月無異」。

和一一一〇年的記錄相同，當然又是幽浮。

一一二五年

《續資治通鑑卷九十五》記載宋徽宗宣和七年十二月，「庚申，日有五色暈，挾赤黃珥，又有重日相蕩摩，久之乃隱。」

《古今圖書集成卷廿二》記為「七年十二月辛酉，日有五色暈，兩日蕩摩。」

天上又出現兩個蕩摩的太陽，可見就是發強光的幽浮才對。

一一二六年

《續資治通鑑卷九十六》宋欽宗靖康元年，六月「丙辰，太白、熒惑、歲、鎮四星聚于張。」

金星、火星、木星、土星因運行關係，有時會形成看起來聚在附近的天象，這是天文學上的現象。但是「張宿」是天球黃道南方二十度的長蛇座中央部位，並非行星運行軌道所在，因此不會是四顆太陽系的行星而是四個幽浮。

一一三三年

六月十五日，《金史天文志》：「金太宗天會十一年五月乙丑，月忽失行而南，頃之複故。」

月球在天上是不會突然失行偏南而後又回到軌道上的，這一定不是月球而是幽浮。

一一四七年

《續資治通鑒卷一二七》宋高宗紹興十七年「秋七月，金乙太白經天，曲赦畿內。」

這是發生在五代十國的金國一件一個白天飛越天空如金星般的幽浮事件。

一一四九年

《續資治通鑒卷一二八》宋高宗紹興十九年四月「戊辰，日左右生青赤珥，太白犯月。」

太陽左右突出青紅色的耳，形狀就像幽浮；而太白金星侵犯到月球，這是正常天象絕對不會發生的事，因此這二者均可視為幽浮。

一一五二年

《續資治通鑒卷一二九》宋高宗紹興廿二年「正月癸卯，太白經天。……五月丁巳，太白經天。」

這又是兩件如金星般的幽浮在白天上午飛越天空的事件。

一一五二年

《夷堅志辛卷》記有宋高宗紹興廿二年壬申，夏夜「忽見近屋數尺有物如火星，又如琉璃胡蘆，若小若大，累累不絕，更相連絡，其色淡青而稍昏，緩飛入豐泰門上，高而複低，墮於省倉之背，不能窮其源。」

這是一群發著紅光和淡青色光而飛行速度緩慢的幽浮，有的大，有的小，緩慢地飛在豐泰門上方，有時高有時低，後來飛到省屬倉庫後面就看不到了。作者也不知其來源。可見這是一件很多幽浮同時出現的記錄。

一一六三年

十二月十七日，《宋史天文志》：「宋孝宗隆興元年十一月丁未，飛星出天船，急流向紫微垣外座內廚西北沒，炸出二小星，青白色，有尾跡，照地，大如木星。」

描述一顆速度很快的飛星出現在英仙座，急飛到大熊座西北，分成二星，呈青白色，大小如木星但光卻能照地，可見它們是高度不是很高卻發強光的幽浮。

一一六六年

《夷堅志甲卷」：「宋孝宗乾道二年，趙清憲賜第在京師府司巷，……以暑月不寐，啟戶納涼，見月滿中庭如畫，方歎曰：『大好月色。』俄廷下漸暗，月痕稍稍縮小，斯須光滅，仰視星斗粲然，而是夕乃晦日，竟不曉為何物光也。」

此段描述在農曆「晦日」時應該沒有月亮的晚上，卻看到月光如晝，而此月光竟會熄滅，文中也說它不是月亮，卻也不知是何物，可見應是幽浮。

一一六六年

《續資治通鑑卷一三九》宋孝宗乾道二年九月「是月，太白屢晝見……十月壬辰，太白經天……十一月庚申，太白經天。」

這又是三個如金星般的幽浮在白天飛越天空的記錄。

一一六七年

《夷堅志辛卷》描寫宋孝宗「乾道三年八月十五夜，天陰月昏，郡人劉、程二生，適主威惠廟燈燭之役，……仰頭而視，一輪如半月闊，散而為細星，百千萬顆，霄漢間翠碧霞采，光燦逼人，不可形容。留者朵頤失聲，不得一語。頃之，雲複環合，晦昧如初。」

這是在「天陰月昏」的晚上，出現一個在天上看起來如半月大小的光體，發著逼人的光芒，待其消失後，天空又暗黑晦昧如未出現時，可見是一個幽浮。

一一六八年

《續資治通鑑卷一四〇》宋孝宗乾道四年二月「癸丑，五星皆見」。

星星在晚上出現是正常的，古書會寫「見」是指在白天上午出現的不正常現象，這一天只簡單的用四個字記錄水星、金星、火星、木星、土星五顆星同時在白天上午出現，足

見事件不尋常，因此此五星應為五個幽浮。

一一八六年

《續資治通鑑卷一五〇》宋孝宗淳熙十三年「八月乙亥朔，日月五星聚軫。」

注意那一天又是朔日，根本見不到月亮，更怪的是「日、月、五星」統統匯集在烏鴉座，此星座在天球黃道南方二十度處，這是天文學上絕不會出現的天象，因此只能以一定是七個大小不同的幽浮來解釋本則。

一一九〇年左右

《夷堅志丁卷》記載宋光宗紹熙年間，「七月中，家有一女一婦同登舍後小樓，天色約未申間。仰空寓目，見一舟淩虛直上，數道士環坐笑語，須臾抵天表，天為之開，色正赤，舟由開處入，天即合無際，而開處尚赩赩如霞。」

這是極奇特的描述，一艘會飛上天的船，上面坐了數位道士裝扮的人，待船飛到雲層時，天就開了，且有紅光發出，等船飛進之後，天就合起來，尚能看到如彩霞的紅光。

實在無法用自然界的天象來解釋此事件，唯有用大膽的思考才能將此則做明確的解釋。本書認為這是一架小幽浮（舟）向天上飛去，到了雲端，那裡停了一艘大型的發紅光的幽浮母船，小幽浮由母船的入口處飛進去，閘門又合起來。只有如此才能圓滿解釋本事件。

一一九五年左右

《夷堅志壬卷》記有宋甯宗慶元初年間，「臨川劉彥立兄弟二人，有母在堂。一夕，屋後松樹上圓光如日，高去地二丈餘，即之則晦。……一個日頭忽起，從前山高出三丈，所照草木皆可辨，只比晝間色赤耳，……如日夜出，色炎如火，附於地，犬吠逐之，光際地避隱。」

這個發光體很大，看起來像太陽（正是台語講的日頭），先是離地高三丈而已，後從山那一頭出現，發著更強的光，將草木都照得比白天紅一點，後又低飛，連狗都在追吠。本則描寫極詳細，也是難得的古代幽浮目擊記錄。

一一九六年

《夷堅志壬卷》記有宋甯宗「慶元二年十月二十夜，三更後月初出時，臨安嘉興兩邦人，未寢者，皆見其團圓如望夕。」

農曆二十的月亮已不是滿月的形狀，但是當天夜裡，初出的月亮竟如滿月狀，令當時不少未睡覺者訝異，可見這不是月亮，而是幽浮。

一二二七年

一月二五日，《大金國志》記載「金章宗泰和六年十二月壬申夜，興州天赤如血，照地如晝，自月初有兩日相摩于初暗之時，至是複有此異。」

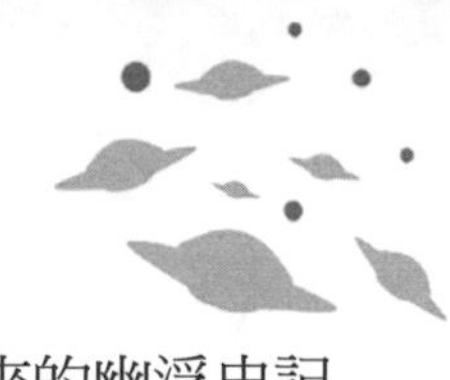

當日夜間天空亮紅得似血，而且將大地照得如白晝，這當然是發強光的幽浮所為。另外，月初時又有兩個相蕩摩的太陽出現在空中，當然不會是自然界的太陽，又是幽浮了。

一二一〇年

《續資治通鑒卷一五九》宋甯宗嘉定三年「春正月，庚辰朔，金太史奏：『日中有流星出，大如盆，其色碧，向西行，漸如車輪，尾長數尺，沒於濁中，至地複起，光散如火。』」。

《金史天文志》記為「金衛紹王大安二年正月，庚戌朔，金太史奏：『日中有流星出，大如盆，其色碧，向西行，漸如車輪，尾長數尺，沒於濁中，至地複起，光散如火，移刻滅。』」

這一則白天出現大如盆的流星，盆的形狀就像幽浮的側面，發著碧綠色光，向西飛去，漸大如車輪，這也是幽浮正面的形狀，而且會低飛後又高飛起來。此種種現象都說明了此「流星」絕對不是自然界的流星，而是人為操縱的幽浮。

一二一三年

《續資治通鑒卷一五九》宋甯宗嘉定六年三月，「太陰、太白與日並行，相去尺餘。」

太陰是月亮，太白是金星，它們不會在白天同時出現，又和太陽近距離並行。所有的

天文學家都無法解釋此則，所以這是三個大小不一且發光也不同的幽浮。

一二二二年

《續資治通鑒卷一六二》宋甯宗嘉定十五年七月「乙亥，太白晝見，經天，與日爭光。」

《古今圖書集成觀象玩占》說「日月星並見占曰：『日月與大星並見，是謂爭明。妖星與日並出，名曰婦女星。』」

太白金星不會在短時間內橫過天空，也絕不會亮得與太陽爭光，這當然不是金星而是幽浮。

一二二六年

四月十三日，《金史天文志》記有金哀宗正大三年「三月庚午，省前有氣微黃，自東北一亙西南，其狀如虹，中有白物十餘，往來飛翔，又有光倏見如二星，移時方滅。」

天空出現長虹是正常的，但是出現十多個白色物體，往來飛翔，又突然出現二個光體，可見這些就是幽浮。

一二三一年

《古今圖書集成卷廿三》：「宋理宗紹定四年，金哀宗正大八年，三月，日失色，有氣如口，相淩。」

這是一九九三年十二月二六日美國哈勃太空望遠鏡傳回馬里蘭州哥大德太空飛行中心的數百張照片中，發現這一張太空中明亮發光的巨型城市結構式物體。女研究員梅森（Marcia Masson）說：「就是它，它是我們一直在等待的證據。我們發現的是上帝居住的地方。」此照片也引起當時的美國總統柯林頓及副總統高爾的興趣。當時的教宗約翰保羅二世也向 NASA 要這張照片。（NASA 檔案）

WEEKLY WORLD

NEWS

Divine image stuns NASA!

HEAVEN PHOTOGRAPHED BY HUBBLE TELESCOPE

'We found where God lives,' says scientist

《金史天文志》也記有：「三月庚戌酉正，日忽白而失色，乍明乍暗，左右有氣似日而無光，與日相淩，而日光四出沒。」

這些會和太陽「相陵」而且亮度忽明忽暗的「日」，當然不會是太陽，它就是發光體。

一二三八年

《續資治通鑑卷一六九》宋理宗嘉熙二年「九月壬午，熒惑犯權星。」

權星就是軒轅星，即大熊座北斗七星的第四顆星，位置在仰角六十度之處，絕不會是火星的軌道處，因此這應是發紅光的幽浮。

一二六一年

《續資治通鑑卷一七六》宋理宗景定二年正月「辛未夜，東北赤氣照人，大如席。」

東北方出現一個大小如桌面發紅光的幽浮。

一二七五年

《續資治通鑑卷一八一》宋恭帝德佑元年二月「丁亥，有二星鬥于中天，頃之，一星隕。」

《宋史天文志》也有：「有星二鬥于中天，頃之，一星墜。」

自然界的星絕對不會相鬥的，這兩個相鬥的星當然只能視之為幽浮，但奇怪的是兩個幽浮為何要相鬥？

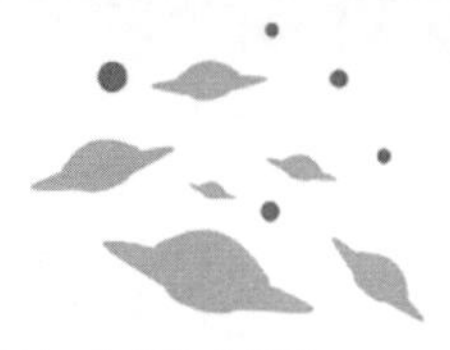

一二八七年

宋朝著作《樂郊私語》提及發生的事件：「己亥秋九月晦，餘曉詣嘉禾時，曉星猶在樹杪，忽西南天裂數十百丈，光焰如猛火，照徹原野，一時村犬皆吠，宿鳥飛鳴，餘諦觀其裂處，蠕蠕而動，中複大明，若金融於冶鑄者，少時方合。」

當晚西南方天空裂開數十百丈，這應視為可能是大型發光幽浮母船的出現，所以才光焰如猛火，使得村犬、宿鳥都驚嚇。

作者也曾細觀幽浮母船出現在天空的地方，用金屬融熔來形容，精確描述出當時發著強烈紅光的大型幽浮。

六、元明時期的幽浮記錄

一二九一年

《續資治通鑒卷一八九》元世祖至元廿八年「春正月壬寅，太白、熒惑、鎮星聚於奎。」

奎宿就是仙女座和雙魚座一部分，位於北天三五度處，金星、火星和土星的軌道是在黃道上，不會在此，因此這三顆同聚在北天的星應為三個幽浮。

一二九七年

《續資治通鑒卷一九三》元成宗大德元年八月「丁巳，妖星出奎，九月辛酉朔，妖星複犯奎。……十一月戊子，太白經天。」

八月及九月都有「妖星」出現在仙女座，這個天象被記錄下來，一定有其不尋常處，因此可視妖星為幽浮。

十一月時經天的太白金星，如書前所分析，就是一個白天飛越天空如金星般的幽浮。

一三〇一年

《續資治通鑒卷一九四》元成宗大德五年「三月丁卯，熒惑犯填星；己巳，熒惑填星相合；戒飭中外官吏。」

火星（熒惑）侵犯土星（填星），二天後兩星又相會合，這是天文學上不尋常的現象，發生此事時皇帝還戒飭中外官吏，可見絕不會是自然的天象，應是幽浮。

一三〇五年

《續資治通鑒卷一九五》元成宗大德九年秋七月「甲寅，太白經天；冬十月丙戌，太白經天；十一月壬申，太白經天。」

又是三次白天飛越天空如金星般的幽浮記錄。

一三〇八年

《續資治通鑒卷一九六》元武宗至大元年「秋七月庚申，流星起自句陳，南行，圓若車輪，微有銳，經貫索滅。」

這個「流星」從九十度的北極星附近的小熊座飛到南方三十度的北冕座，形狀如車輪，可見體積很大，妙的是略微「有銳」，似乎指有銳邊或明顯的亮邊，到了北冕座就消失。天文學上不會出現如此飛行的星星，也不會是會轉彎的流星，應該確定是幽浮。

一三三八年

《續資治通鑒卷二四〇》元泰定帝致和元年五月「庚辰，有流星大如缶，其光燭地。」

流星是有可能大如缶，不過亮度強到能照亮地面的流星就不符合天文學的現象，因此應是幽浮。

一三三一年

七月，《四川總志》：「元甯宗至順二年六月，有星大如月，入北斗，震聲如雷。」

一個大如月亮的星會飛入北斗七星處，任何一位天文學家都無法說明此事，所以只能視其為幽浮。

一三三八年

《續資治通鑑卷二七〇》元順帝至元四年閏八月，「戊戌，日赤如赭；己亥、壬寅，複如之。……九月癸酉，奔星如杯大，色白，起自右旗之下，西南行，沒於近濁。……十二月，太白屢晝見。」

第一天戊戌、第二天己亥、第五天壬寅都發生太陽紅得像赭的現象，這是奇怪的現象，但不一定和幽浮有關。倒是九月有一個發白光的星好像杯子大小，從天鷹座下方向西南方飛行，十二月金星屢次橫越天空，都是天文學上的不可能，這些就要視為幽浮了。

一三五〇年

《續資治通鑑卷二九〇》元順帝至正十年「六月壬子，有星大如月，入北斗，震聲若雷，三日複還。」

飛入北斗的如月大星三天後又飛回來，無法用天文角度解釋，只能說是幽浮。

一三五五年

元末陶宗儀所著的《南村輟耕錄》卷七「志怪」錄有：「元惠宗至正乙未正月廿三日，日入時，忽聞東南方軍聲且漸近，警走觀視，它無所有，但見黑雲一簇中，仿佛皆類人馬，而前後火光若燈燭者，莫知其算，迤邐由西北方而沒。」

天上黑雲團內似有物體，而且前後發著火光，慢慢飛行，而後在西北方消失，這當然用幽浮才能解釋。

一三五六年

《續資治通鑒卷二一三》元順帝至正十六年三月，「是月，有兩日相蕩。」

《樂郊私語》記錄較詳細：「元順帝至正十六年三月，日晡時（過午），天忽昏黃，若有霾霧，市中喧言：天有二日，予立庭中視之，初以老眼不能正視，眩然若有數日，久之果見兩日交而複開，開而後合者凡數千百遍。」

這個「兩日交而複開，開而後合者凡數千百遍」的現象，指明有兩個相互飛遠又飛近很多次的幽浮在天空中，絕無法用自然天體說明的。

一三五七年

《續資治通鑒卷二一四》元順帝至正十七年閏九月「癸卯，有飛星如盂，光燭地，尾約長尺餘。」亮度能照耀地面的如盆盂般的飛星都不會是正常的流星，應是幽浮。

一三六〇年左右

明朝國師劉伯溫在七月十五夜寫的《月蝕詩》：「招搖指坤月堅日，大月如盤海中出，不知妖怪從何來，惝恍初驚天眼聯，兒童走報開戶看，城角咿嗚聲未卒……」

這是著名的明朝國師劉伯溫的幽浮目擊事件，他描述有一個發光似太陽的、圓盤形大月亮從海中飛出來，不知此妖怪從何而來。

大家都可明顯的看出，如此的描述當然很清楚只能視之為發光幽浮。

一三六一年

《續資治通鑑卷二一六》元順帝至正二十一年「六月乙未，熒惑、歲星、太白聚於翼。」

翼宿就是長蛇座和巨爵座交點一帶，位於黃道南邊二〇度。這一天火星、木星和金星都聚在此，不尋常的天象，只能視為三個幽浮。

一三六二年

《續資治通鑑卷二一六》元順帝至正二十二年七月「丙辰，熒惑出西方，須臾，成白氣如長蛇，光炯有文，橫亙中天，移時乃滅。」

原本出現在西方的火星不多久變成白氣長蛇狀，並發出強光，橫亙天空，這當然不會是自然界的火星的現象，而是幽浮才有的現象。

一三六三年

《續資治通鑑卷二一七》元順帝至正二十三年八月，「丙辰，沂州有赤氣亙天，中有白色如蛇形，徐徐西行，至夜分乃滅。」

沂州出現一道紅光貫天，中間有長形白色區域，慢慢的向西飛行，這也是幽浮現象。

一三六四年

《續資治通鑑卷二一八》元順帝至正二十四年「六月癸卯，三星晝見，白氣橫突其中。……甲辰，河南府有大星夜見南方，光如晝。丁未，大星隕，照夜如晝，及旦，黑氣晦晦如夜。」

首先是白天出現三顆星；次日，河南府南方出現發強光的大星；又三天後，又是一個將夜晚照得像白天的大星。這些現象天文學是無法解釋的，因為全是幽浮的傑作。

一三七〇年

八月四日，《明太祖實錄》：「明太祖洪武三年七月己亥，夜五鼓，有星大如盂，青白色。起自東北雲中，徐徐東北行，光明照地，約長四丈餘，散作碎星，沒於雲中。」

朱元璋登基三年時，有個大如盤盂的物體，發著青白色光，從東北方雲中飛出，速度緩慢，光照地面，後又消失在雲中，表示此物體並沒有落到地面，最後又消失於雲層中，可見不是流星，而是幽浮。

一三七〇年

《明通鑑卷三》明太祖洪武三年十月「庚辰，有赤星如桃，起天浮，至壘壁陣，抵羽林軍，爆散有聲，五小星隨之，至上司空旁，發光燭天，忽大如碗，曳赤尾至天倉沒，須臾，東南有聲。」

有個形似桃子發紅光的星出現在天鷹座，飛至雙魚座與寶瓶座間，抵達寶瓶座邊後爆散開來，然後又飛到鯨魚座，此時強光也將天照亮，體積也變大（也許是高度下降之故），拖著紅色尾巴飛到鯨魚座邊緣就消失了。

此物體總共在天上飛了半個天空，勉強可用大流星來解釋，不過有點牽強，所以應視為幽浮。

一三七六年

六月一一日，《明太祖實錄》：「明太祖洪武九年五月丁丑，夜二鼓，有流星初出如雞子，赤色，起至狗國，西南行丈餘，光息，忽大如杯，分為二，至近濁沒。」

在二更的時候，一個流星呈紅色，原來大小如雞蛋，出現在人馬座，飛向西南，光就熄了，後又出現變成大如杯，且分為二，然後消失。只能視之為幽浮。

一三八一年

六月十七日，《明太祖實錄》：「明太祖洪武十四年五月己酉，夜有星黃白色，自羽

林軍西南委曲子，複還至羽林軍沒。」

這個黃白色的星，先出現在寶瓶座西南，路線彎曲，然後又飛回原處就消失。這個會轉彎飛回原處的星當然不是正常的星，應是幽浮。

一三八五年

《明通鑒卷八》明太祖洪武十八年二月「乙巳，五星並見。」

當天水星、金星、火星、木星和土星五顆星一起在白天出現，當然是五個幽浮才對。

一三八五年

《明通鑒卷八》明太祖洪武十八年「四月己亥，太白晝見，至辛醜凡三日……六月丙申，太白晝見，至辛醜凡六日……辛亥，太白複晝見……九月戊寅，太白經天，與熒惑同度，又有客星見太微垣，犯右執法，出端門，乙酉入翼，彗長丈余，太白複晝見，丁亥又見，犯熒惑。」

先是金星在白天上午出現三天，後又出現六天，到九月金星和火星同時又在白天出現，最後是金星侵犯火星。可見如書前所析，這些都是幽浮現象。

一三八七年

《明通鑒卷九》明太祖洪武二十年「二月壬午朔，五星具見；七月壬寅，太白及三辰具晝見。」

「太白晝見」？太白金星會經常在白天出現嗎？（台灣飛碟學會檔案）

同時在白天出現的五個星，後又同時在白天出現的四顆星，全是幽浮。

一四四〇年

《明史卷廿七》：「明成祖永樂二年十月庚辰十四日，有星如盞，色黃。」這是一個發黃光看起來如燈盞的幽浮。

一四二四年

十月一八日，《明史天文志》：「明成祖永樂廿二年九月戊戌，有星大如碗，色黃白，見牛宿，光燭地，有聲如撒沙石。」

有個星大如碗、發黃白色光、出現在摩羯座、亮度能照亮地面、且發出如撒沙石的聲音，這樣的星應是幽浮。

一四三三年

九月廿一日，《明史天文志》：「明宣宗宣德八年閏八月戊午，有青赤黃各一，大如碗，明朗清潤。」《明宣宗實錄》：「昏刻，景星見西北方天門，三星如碗大，色青赤黃，明朗清潤，良久聚成半月。」

《明通鑒》有「有三星見西方天門，青赤黃各一，大如碗，明朗清潤，良久聚成半月形。」

這一天出現三個星，有發著青色、紅色和黃色，大小如碗，久之相聚成半月形，這應是三個發不同光色的幽浮。

一四四一年

《明通鑒卷二十三》明英宗正統六年「五月庚戌，太白經天。」

《明史天文志》曰「五月庚戌，太白晝見。」注釋言「經天與晝見同，而經天較重。」

此又是一個白天飛越天空如金星般的幽浮記錄。

約一四四三年

鄭仲夔著《耳新》：「縣於甲子七月間，夜半忽有響如山裂，有一大鳥從東南方飛往西北去，身具五彩作火焰光，或雲當是天蓬鳥。時，縣尹與學博士咸見之，因齋戒祈禱七晝夜。」

夜半突然有物體發出好像山都要裂掉的大響聲，然後看到一個大鳥從東南方飛向西北方，全身發著五彩火焰光，有人說是天蓬鳥，當時縣長和一些讀書人都目擊到。自然界應該找不到全身發著五彩火焰光的大鳥，因此它是一個大型長形幽浮才是。

一四四九年

《明通鑒卷二十四》明英宗正統十四年「秋七月，己卯朔，熒惑犯南斗，待講徐理，頗知天文，私語其友劉溥，以為不祥。」

火星又飛到大熊座，當時知天文的徐珵認為是不祥之事，可見此事件不尋常，可視為

幽浮。

一四四九年

《明通鑒卷二十四》明英宗正統十四年八月「辛未，月晝見，與日並明。」

月亮會在白天出現？而且亮得和太陽爭明？這是自然界絕不可能的現象，可見這個大光體當然不是月球，而是幽浮。

一四五五年

《明通鑒卷二十七》明景帝景泰六年七月間，「南畿屢災，及太白常晝見，敕諸臣修省。」

又是太白金星常在白天出現的記錄，當然是幽浮。

一四五九年

四月，《浙江處州府志》記有明英宗「天順二年三月，雷火焚縉雲仙都獨峰頂，七日不息。遙見一人著縞衣，徘徊其上，久之淩空而去。」

縉雲山仙都峰上大火燃燒七日，有一個穿白色衣服的人在那兒徘徊，然後飛向天空。迄至目前科學發達，也沒有人會如此飛天的，因此這位穿白色衣服的人應可視為外星人。

一四六五年

《明通鑒卷三十》明憲宗成化元年，五月「戊午，熒惑守南斗。」

又是一則火星在北斗南邊出現停駐的記錄，如前所述，是幽浮。

約一四七〇年代

明朝郎英著《七修類稿》：「馬浩瀾嘗云，少時夜行，忽聞空轟然有聲，見青天中如瓜皮船一條，其色蒼黃，忽開忽合。」

馬姓人士說在他年少時有一天夜行，突然聽到空中發出轟然的大響聲，看到天空中出現一艘像瓜皮似的船，呈青黃顏色，開合交替著。

「忽開忽合」不知是何情況，也許是它的顏色忽明忽亮，這當然是夜間天空突然出現一個長形發蒼黃色光的幽浮記錄。

一四七二年

《明通鑒卷三十二》明憲宗成化八年正月「乙卯，太白經天，與日爭明。」

此為一個白天飛越天空如金星般發強光的幽浮，亮得和太陽爭明。

一四八五年

一月十九日，《明憲宗實錄》「明憲宗成化廿一年正月丙戌，廣東惠州，酉刻，月下發光，前銳而青，後大而紅，約長丈餘，兩旁有黃白氣，自西飛度東北，颼颼有聲，沒入雲，響如雷，漸沒。」

月亮下方出現一個光體，形狀是前面銳尖發著青光，後面較大發著紅光，也就是錐形

體，形體很大，從西方飛向東北，飛入雲中。如果是流星，體積如此大，應會掉下來，因此無法用流星來解釋，只能視為幽浮。

一四八五年

《明通鑒卷三十五》明憲宗成化二十一年「春正月甲申朔，申刻，有光自中天墜，化白氣，曲折上騰，喻時，複有赤星如碗，自中天西行，轟然如雷震。」《明史五行志卷廿九》也有：「有火光自中天而少西，墜下，化為白氣，複曲折上騰，聲如雷。」

描述先是一道光從中天射下來，後來出現一個紅光星體，從中天向西飛去，也許這道光就是幽浮射下來的。

一四八八年

《明通鑒卷三十六》明孝宗弘治元年，「五月庚午，太白晝見；六月甲寅，歲星晝見；七月禦史曹璘上言：『星隕、地震及金、木二星晝見，請禦經筵。』」

又是金星、木星在白天出現，應是二個幽浮。

一四九五年

十月四日，《浙江永康縣誌》「明孝宗弘治八年九月十六日夜，有星如月，自東南流西北，聲如雷。」

像月亮的星會發出雷似的聲音，當然不是星也不是月，而是幽浮。

一四九六年

《明通鑒卷三十八》明孝宗弘治九年「二月己酉朔，太白晝見；辛亥，歲星晝見四日。」

又是木星和金星在白天出現，應是二個幽浮。

一四九七年

《明通鑒卷三十八》明孝宗弘治十年「春正月甲寅，歲星晝見，凡三日。甲子，太白晝見，凡四日；六月丙子，太白經天；八月癸未，太白晝見。」

又是木星和金星在白天分別出現，應是數則幽浮事件。

一五〇〇年

《明通鑒卷三十九》明孝宗弘治十三年夏四月「庚子，歲星、太白同晝見，凡六日……冬十月丁未，太白晝見，凡三日。」

又是木星和金星在白天同時出現，應是二個幽浮。

一五〇二年

《明通鑒卷四十》明孝宗弘治十六年「秋七月辛卯，歲星晝見；壬辰，太白晝見。」

同年十一月廿五日，《江西通志》也有記錄：「夜四更，廣昌縣有星大如輪，自天中流抵東方，天如開裂，紅光燭地。」

白天太陽很亮，其它星球是看不見的。會在白天出現而且亮得讓人看見，應是不明發光體。（台灣飛碟學會檔案）

這又是木星和金星在白天分別出現的記錄，應是二個幽浮。

同年十一月出現一個形狀大如車輪的物體，從中天飛抵東方，天空好像裂開一般，發出來的紅光照耀著地面，這當然是幽浮。

一五〇三年

《河南葉縣誌》：「明弘治十六年，五龍掛於城北十裡，久之墜地，蜿蜒不能起，有綠衣神人自空降，龍皆統之，須臾雲霧晦冥，遂失所在。」

這五個「龍」似乎是有點故障的長形幽浮，「綠衣神人」似乎就是幽浮事件中的小綠人，他們從空中下來，修好了「龍」，所以全飛

走而消失。因此這裡的「龍」應該就是長形巨大的幽浮。

一五〇五年

《明通鑑卷四十》明孝宗弘治十八年，五月「辛亥，太白經天；八月癸亥，太白晝見凡六日；八月辛巳，歲星晝見凡三日；九月甲午申刻，河鼓北斗晝見。」

又是金星橫越天空、金星在白天出現、木星在白天出現、都全是幽浮。

一五一〇年

六月二日，《明武宗實錄》：「明武宗正德五年四月辛亥，四川通江縣有星晝見而隕，大如斗，光芒青，尾長丈餘。」

有一顆星白天出現，從天空劃過，大小如斗，發著青色光芒，這也是白天出現的幽浮。

一五一一年

《河北冀縣誌》：「明武宗正德六年秋，天北晝有星，赤光，長丈許，西流良久而沒。」

天空北方白天出現發紅光的星星，向西方飛去，很久才消失。如果不是流星，就是幽浮。

一五一二年

八月六日，《廿四史》：「明武宗正德七年六月丁卯夜，招遠有赤龍懸空，色如光，

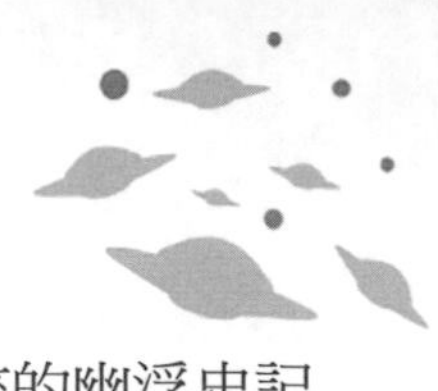

盤旋而上，天鼓隨鳴。」

《明史五行志》又曰「山東招遠縣，夜，有赤龍懸空，光如火，自西北轉東南，盤旋而上，天鼓隨鳴。」

描述有一條紅色發光的龍，盤旋向上飛，且發出鳴鼓聲。大家都沒看過龍，化石也未找到一般印象中的五爪金龍（不是恐龍），因此龍還是謎樣的生物。

本例中龍的現象和發紅光盤旋而上的長形幽浮相似，故視其為幽浮遠比要說它是龍來得合理。

一五一二年

九月一四日，《河南通許縣誌》「明武宗正德七年八月丙午，夜二鼓，有大星自東南流至西北，光焰如鬥，彷彿日初出，即有天鼓鳴，星光起落，鳥獸鳴號。」

有個大星從東南飛向西北，發出的光彷彿剛升起的太陽。這樣的大星當然是幽浮。

一五一三年

十二月廿九日，《明武宗實錄》「明武宗正德八年十二月丁酉，四川越雋衛，有火輪見空中，聲如雷，次日地震。」

有一個火輪出現在空中，發出如雷的聲音。似乎把此記錄中出現在空中的火輪視為幽浮較能說明本則的現象。

一五一四年

《明通鑒卷四十五》明武宗正德九年八月「乙巳，京師地震，歲星晝見凡十日；十二月壬辰，太白晝見，自上月甲申至是凡九日。」

八月，木星在白天連續出現十天；十二月，金星在白天連續出現九天。都不是正常的天文現象，應視之為幽浮。

一五一六年

《明通鑒卷四十六》明武宗正德十一年「六月甲寅，太白晝見，凡六日。」

又是金星在白天連續出現六天的幽浮事件。

一五一八年

《廿四史》：「正德十三年五月癸日，常熟俞野村，迅雷震電，有白龍一、黑龍二，乘之並下，口中吐火，目睛若炬，撤去居民三百余家，吸二十余舟於空中，舟人墜地，多怖死者，是夜紅雨如窪。」

一黑一白的龍，眼睛似火炬，造成三百多家居民有難，又將二十多條船吸到空中，這會是什麼龍？當然不是龍，而是大型幽浮。

一五一九年

五月廿一日，「明武宗正德十四年四月丙戌，昏刻，南方流星如盞，青白色，尾跡有

光，起自東南，徐徐行至西北而止，後有三小星隨之。」

黃昏時南方出現一個形如燈盞的流星，發著青白色光，從東南方緩慢地飛向西北方，後面有三個小星星跟隨著。這樣的現象應視之為幽浮。

一五二〇年

五月十五日，《明史天文志》「明武宗正德十五年四月丙戌，陝西鞏昌府，有星如日，色赤，自東方流西南而隕，天鳴鼓。」

一個大如太陽發紅光的物體，從東方飛向西南而落入地平面下，天空也發出如鼓鳴般的聲音，此物體當然是幽浮了。

一五二一年

《明史》「明武宗正德十六年正月甲寅朔，有星如火變白，長可六七尺，橫亙東西，複變勾屈狀，良久乃散。」

本來發紅光後來變白光，形狀也由長形變為曲形，實在無法用自然天體來解釋，應可視之為幽浮。

一五二一年

五月十二日，《明武宗實錄》「明武宗正德十六年四月初七，陝西米脂縣酉時分，西北方有星大如斗，隨有紅光一道，約長三丈餘，半空冉冉轉動向西北，移時變白氣而滅。」

陝西西北方出現一顆星大如斗，發紅光在半空中冉冉轉動，飛向西北，然後變成白氣而消失，這當然不會是流星，而是幽浮。

一五二二年

十月廿八日，《明武宗實錄》「明武宗正德十六年十二月乙未，亥時甘肅行都司有星墜如火，大如車輪，至地，複上而散。」

一個大如車輪的物體，飛到地面後又往上高飛，自然界的物體絕不會如此，只有人為飛行器才如此，可見其為幽浮。

「星入於月」當然不會是星，而是飛向月球基地的幽浮。
一九六九年美國首次登陸月球的阿波羅十二號太空人照片，左上方出現一個光體。（NASA 檔案）

一五二三年

八月十五日，《福建通志》「明世宗嘉靖二年七月初五，夜，興化府，星入於月。」

一五二三年

明朝徐複祚所著的《花當閣叢談》：「嘉靖二年，邑庠生呂玉，家五渠村，一日入城，值微雨，其家前庭有廢屋基，忽雲中二舟，各長丈餘，墮廢基上行，舟人皆長二丈餘，紅帽雜色襦褲，手持篙往來，行甚疾。玉家塾中書生十余人，悉驚趨視之，舟人引手前掩書生口，一時口鼻皆黑，噤不能語，俄見舟中有一人，擁衛如

「其形如船？」這是韓戰時期，美軍在北緯三八度線附近拍到的飛碟。（美國空軍檔案）

尊官，結束如居士，與一僧同起居。久之，雲擁舟起，而呂氏有祖墓在牆外裡許，舟複墜其中，舟既去，書生口鼻亦悉如故。然越五日，玉以暴疾死。」

《常熟縣誌》也有記載，但文字略有不同，「嘉靖二年旱，民不得稼。五月五日，五渠茂才呂玉家，忽雲中墮一舟廢墟上。舟子五六輩，皆長二尺餘，紅帽染色襦，持篙往來甚疾。玉塾十數書生，驚趨視之，紅帽人引手掩書生口，一時口噤不能言，狂奔避室，隙中窺見舟一人，擁衛如尊官，結束如居士，與一僧推蓬左右顧。雲漸擁舟起裡許，複墮呂氏墓。舟既去，書生如故。玉聞之，持槍入墓中，無所見。越五日，玉暴死。」

這個事件很離奇，有飛在雲中的舟，也有五六位穿紅衣裝束的舟人。本則案例已超過一般的理解，無法用正常的理論來說明，因此只能視之為長形幽浮，及居住其上的外星人。

一五二六年

六月，《廣東潮州府志》：「明世宗嘉靖四十一年五月，有星入於月，頃之，自月出，旋消。」

有一顆星飛入月球，不久又飛出來，就消失了。這樣的物體無法用流星來解釋，當然是幽浮。

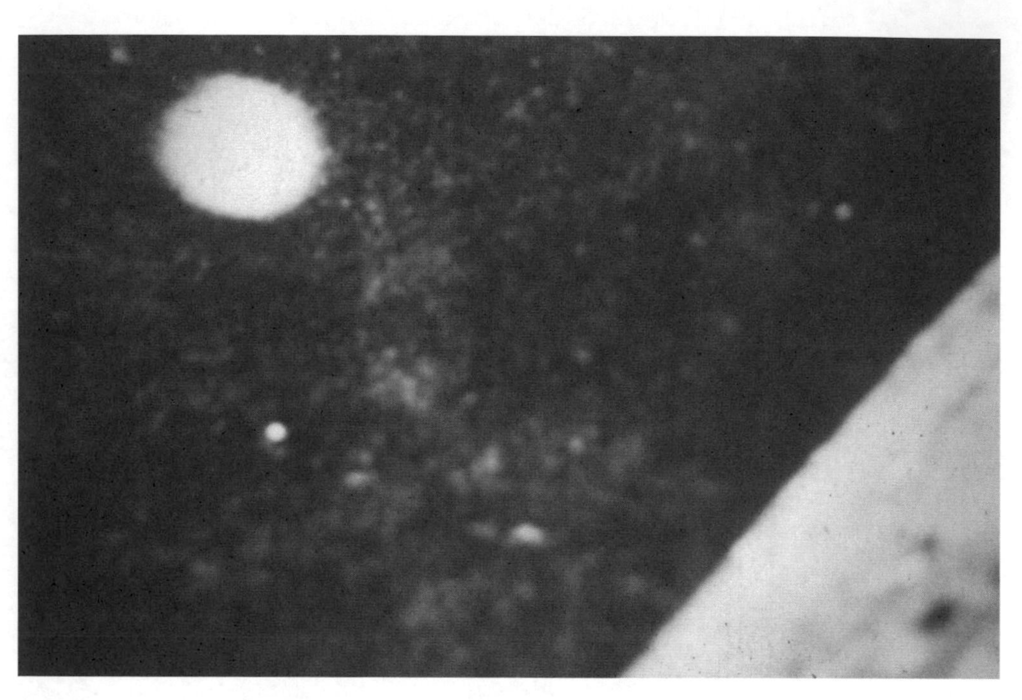

「有星入於月？」這是美國NASA的檔案照片，顯示月球上空出現大發光體。

一五二七年

《古今圖書集成卷十七》提到「盛京通志嘉靖六年四月辛酉，天鼓鳴；辛未夜，天鼓鳴，星明如晝。」

當天晚上有顆星明亮得如白晝，又發出鼓鳴聲，可見不是正常的星，應是發強光又發出響聲的幽浮。

一五二七年

八月七日，《廣東寶昌縣誌》和《南雄府志》均有記載「明世宗嘉靖六年七月十一日，夜，有星見月下，頃間由西入東，光芒燭地。」

有一顆星出現在月球下方，一會兒從西飛到東，發出的光能照地，當然不是普通的星，而是低空飛行的幽浮。

一五二八年

雲南《大理國記事》記載此事，明嘉靖七年農曆五月初三，「有客星出，由東南飛向西北，明亮如巨輪，時高時低，時行時停，見者上千人」。

這樣的飛行方式絕對不會是直線路徑的彗星或者流星。又記載第二天三更時分，此發光體又出現，降落在點蒼山（大理旅遊勝地，著名的陽春白雪即在此地）綠桃村。

當時，正好一個石匠名叫和庚的，在山腳下打石頭，見到亮光，趕緊從工棚裡邊出來看熱鬧。只見這玩意很像碾盤，但比碾盤大得多，有一間屋子大小，四周五色光芒環繞，很是炫目。裡面似乎有兩個東西在動，像人又不像人，很是蹊蹺。一時也想看個究竟。

不料，一道光芒射出，他就被攝入這個幽浮裡頭做實驗了。和庚被剖開胸膛取出心臟，看了看，不疼也不流血，檢查完之後又放了回去。

兩個外星人做了一些交談，但聽不懂。一時間，和庚感覺像被帶進幻境之中，只見那裡別有洞天，日月星辰具備，地面呈紅色但寒氣襲人，有點像凍土。到處看不見莊稼和房屋。

那些人都長得很有個性，一張圓臉上面長三隻眼睛，男女老幼不分，都穿奇裝異服，說著聽不懂的話。

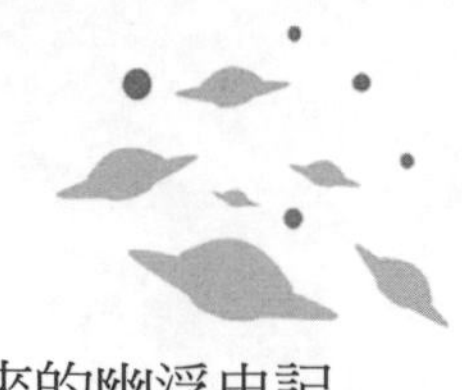

和庚還沒參觀明白，眼前就一片模糊了，漸漸失去知覺。甦醒後，發現自己還在打石場，剛剛的事歷歷在目，卻又像大夢一場。

回到家中，家人一見他都哭得七死八活，和庚納悶，問半天才明白，自己已經失蹤一年多了，家裡人都還以為他被野獸叼去吃了呢。如今安全歸來，一家人不由得喜極而泣。

縣太爺聽到這事後，覺得太稀奇了，親自趕到大理看望和庚，和庚親切地接待，賓主雙方在極為融洽的氛圍下就共同感興趣的話題進行了親切友好的會談。會後，和庚還慷慨地撩起衣服，讓他看了肚子上的印記，不過是一道淺淺的紅色線痕罷了，也沒啥了不得的。

一五二八年

十月二四日，《山西太原府志》及《代州志》均提「明世宗嘉靖七年十月十二日，流星隕，光燭地，有聲如雷，墜而複起，入斗口，至日出方滅。」

流星掉落到地面，發出的光照亮地面，並發出如雷的聲音，掉落之後又再飛起來，飛到北斗七星的杓口處，到日出時才熄滅。

從地面再飛到北斗七星處，高度極高，自然界不會有這樣的流星，只能用幽浮來解釋。

一五二八年

十一月廿五日，《河南扶溝縣誌》「明世宗嘉靖七年閏十月十四日，五更，有星自天流觸於地，嘎然有聲，火光如晝，其形似龍，有頭角屈伸，少頃，自地複起，結為大圈，闌參星於內，其旁小星皆隕，有光亦結小圈，至曙方滅。」

描述有一個長形發強光的星，落到地面後又飛起來，變成圓形，此種物體應為幽浮，不是流星。

一五三〇年

十月二十日，《雲南楚雄縣誌》「明世宗嘉靖九年九月晦日，酉刻，郡有星大如日，自東流於西南。」

又是一個如日大的星，當然不是星而是幽浮。

一五三四年

《明通鑒卷五十六》明嘉靖十三年閏二月「庚申（二十二日），太白晝見，自去歲十一月十六日至於是日，光耀與日爭明。」

《明史天文志》也有記載：「是月庚申，太白晝見。……五月癸巳（二十七日），月與太白同晝見。」

金星白天出現，亮得與太陽爭明；五月時，月亮和金星同時在白天出現，全是幽浮才

對。

一五四三年

《古今圖書集成卷廿三》「明世宗嘉靖廿四年十二月，日輪外有黑氣。」

《續文獻通考》「日輪外有黑氣如盤，與日光摩蕩。」

太陽外邊有盤狀的黑色物體，當然是幽浮了。

一五四六年

一月廿二日，《河南光山縣誌》「明世宗嘉靖廿四年十二月二十日，夜二鼓，天忽響有聲，四野開朗，光燭草根，但見空中如人馬往來之狀，久之，複昏黑，不辨南北。」

夜間天空突然明亮起來，熙熙攘攘，過一陣子又黑暗下來，這種不明光體實在無法用任何已知物體來解釋，只能說其為幽浮。

一五四六年

《明通鑒卷三》明世宗嘉靖廿五年八月十四日，「戊戌，南方有流星，大如斗，赤色，光大，起自中天，西南行至近濁。」

發著強紅光的大星從中天出現，然後向西南方飛行，應該是幽浮。

一五五〇年

《明通鑒卷五十九》明世宗嘉靖二十九年「六月戊申，太白晝見，連日陰雨，凡晝見者七日。」

又是太白金星在連日陰雨的日子出現，如果是正常的金星，應該被雲擋住而看不到，會被看到就是低於雲層的光體，當然是幽浮了。

一五五三年

十一月二日，《山東高唐州志》「明世宗嘉靖三十二年九月二十七日晚，有星起自東北，飛向西北而隕，其形如日，其光燭地。」

《河南林縣誌》「明世宗嘉靖三十二年九月二十七日，有星如月，自東南流於西北。」一顆形狀如太陽的大星，將大地照亮，從東北飛向西北，應視為幽浮。

這一則和上則出於同一天，但是上則形如日，本則形如月，可見亮度不同，這一個像月亮的星，不會是星也不是月，應是幽浮。

《河北任縣誌》「明世宗嘉靖三十二年九月二十八日，有星光照如月，自西北流入東南，少頃，天鼓響。」

有個星發光的狀態像月亮，從西北飛向東南，應為幽浮。

一五五四年

一月廿二日，《福建龍岩縣誌》：「明世宗嘉靖三十三年十二月初夕，西北有二星隕，未至地數丈，向東南流，如二朱鳥，頡頏相逐。」

《福建漳州府志》也有記載。

二顆星掉落下來，離地數丈處又改向東南飛，形似二隻紅色的鳥在競逐，這絕不是自然界物體，應是幽浮。

一五五四年

五月二四日，《上海嘉定縣誌》：「明世宗嘉靖三十三年四月廿三日，夜漏二鼓，有如日西出，高丈餘，有頃乃墜。」

《江蘇吳縣誌》也記載：「漏二鼓，有日西出，高丈余，有頃方墜。」

晚上西方出現一個似太陽的發光體，高度只有一丈多，當然是幽浮。

一五五五年

《古今圖書集成卷廿三卷》：「明世宗嘉靖三十四年十二月晦，日光暗，有日影百千，摩蕩而散。」

《續文獻通考》說：「三十四年十二月晦日，日光忽暗，青黑紫色日影如盤，數十，相摩，視久則百千飛蕩滿天，向西北而散。」

有數十個發著青色、黑色、紫色的盤狀物體在空中滿天飛蕩，真是難得一見的幽浮陣容。以天文學觀點言，不會有此種天象，因此應為一大群幽浮。

一五五六年

九月廿一日，《明世宗實錄》：「明世宗嘉靖三十五年八月辛亥，肅州衛天鼓鳴，一星晝見，從西行至東，有聲。」

白天出現一顆平常未有的星，從西飛向東，當然是幽浮。

一五五八年

二月二日，《廣東龍山鄉志稿》：「明世宗嘉靖三十七年正月十三日，夜有黑星墜地，大如斗，旋複上天。二月廿六日，亦如之。」

夜晚有黑星墜落在地，大如斗，不久又旋轉飛上天，隔一個多月又有此事發生。大家都知道，任何掉落的流星均不會如此的，故其為幽浮才對。

一五六四年

《明通鑒卷六十三》：「明世宗嘉靖四十三年，「五月甲寅，太白晝見；丁巳，太白複晝見；冬十月戊子，太白晝見，凡二十二日。」

又是三則類似金星的幽浮實例。

一五六六年

《古今圖書集成卷廿三》：「明世宗嘉靖四五年，日鬥。」

《湖廣通志》寫為「明世宗嘉靖四五年八月，華容縣西，忽天開，日鬥。」

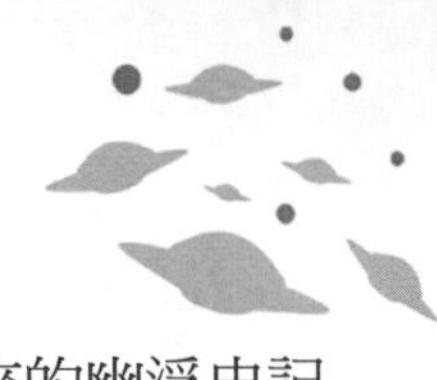

「日鬥」指兩日相鬥，但天上只有一日，而且太陽是恒星，不會和其它星體相鬥，因此會相鬥的兩日就是幽浮才對。

一五七二年

五月，《浙江杭州府志》：「明穆宗隆慶六年四月，杭州黑霧，有物蜿蜒如車輪，目光如電，冰雹隨之。」

《明史五行志》也有記載。有一個形狀似車輪又會發強光的物體，應是幽浮無疑。

一五七二年

《古今圖書集成卷廿六》：「明穆宗隆慶六年，月晝見。」

《湖廣通志》記載更詳細：「隆慶六年五月，通山月光晝見，月下有二星隨之。」

月亮在白天出現，天文學上有時是會有此種天象，但是那時的月是淡白色的，而且是常見的天象，不值得記載。此事件被記下來，一定有不尋常處，再加上月的下方有二顆星跟隨，是否意味白天出現的月是大型幽浮母船，二星是小型幽浮？

一五七三年

五月，《浙江嘉興府志》：「明神宗萬曆元年，海鹽縣有鳥自東來，巨如舟，翅如車輪，翹首掉尾，空中作風雨聲。」

自然界的鳥不會有翅翼如車輪狀的，而且大小如船隻，更不可能，因此文中的巨鳥應

是幽浮，形狀是長形的。

一五七五年

《浙江平湖縣誌》：「明神宗萬曆三年春，有巨鳥從海南來，大如船，翅如車輪。」又是一個長形如舟的幽浮。

一五七六年

《明通鑒》記載明神宗萬曆四年十一月，「臨漳有星長尺許，白晝北飛。」

這是一個白天出現向北飛的長型幽浮。

一五七八年

一月十日，《廣東潮州府志》：「明神宗萬曆五年十二月初三夜，尾星旋轉如輪，光焰照天，逾時乃滅。」

像車輪似旋轉的物體，發著照亮天空的光芒，就是典型的幽浮描述。

一五七八年

二月十二日，《浙江秀水縣誌》及《浙江嘉興府志》：「明神宗萬曆六年元月初六夜，有一大星如日，出自西方，眾星環於西。」

《福建建寧府志》及《福建建陽縣誌》也都有記載。

這又是夜晚出現如日的大星，如前所分析，當然是幽浮。

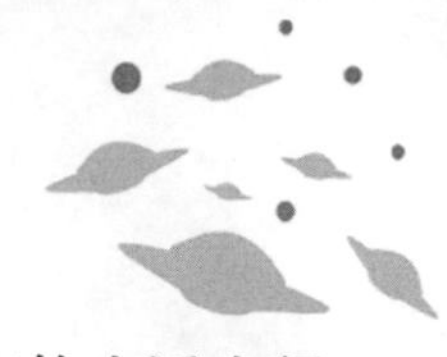

一五八四年

六月十日，《四川成都府志》：「明神宗萬曆十二年五月三日，夜半，保縣南溝，龍行光明如月，聲如鼓吹，硫磺氣逆鼻，雷雨大作，迄不為殃。」

發亮似月的長龍形物體，應視之為幽浮。

一五八九年

八月二五日，《上海松江府志》：「明神宗萬曆十七年七月十五日夜，見東山月上，月中有小白星迸出，如珍珠散亂，移刻如息。」

月球中發散出小白星，一刻鐘後就消失了，也許這是從月球基地飛出來的幽浮。

明郎瑛《七修類稿》記載：「馬浩瀾嘗言，少時夜行，忽聞空磬然有聲，見青天中，如瓜皮船一條，其色蒼黃，忽開忽合，……明發，聞人言，昨夕天開眼。」又是長型

「月中有小白星迸出？」
這是一九七一年美國阿波羅一五號太空人在月球上工作，背後天空出現一個發亮物體。（NASA檔案）

的飛船。

一五九二年

四月，《明史五行志》：「萬曆二十年三月，陝西空中有火，大如金，後生三尾，隕於西北。」

一五九二年

九月十六日，《安徽穎州志》：「明神宗萬曆二十年八月十一日夜，有星大如桃，自東穿月過。」

一個看起來似桃子的大星，從東方飛越過月球，這當然不是行星，因為行星都在月球之外，絕對不會出現在月球軌道內，所以應是幽浮。

一五九四年

《古今圖書集成》：「明神宗萬曆廿二年春正月，兩日相蕩。」

《四川通志》也記有此事：「萬曆廿二年春正月，綦江見日下複有一日，相蕩數日乃止」。

太陽下方又有一個太陽，沒讀過天文學的人憑常識也知道不可能，因此本例十足的就是幽浮。

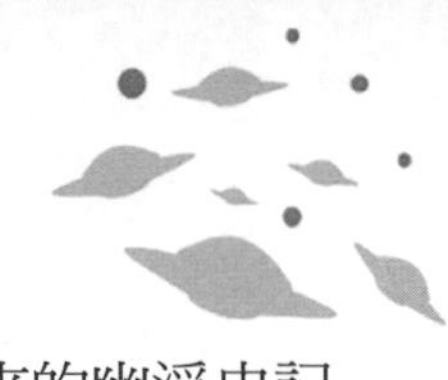

一五九五年

八月，《廣東新會縣誌》：「明神宗萬曆二十三年秋七月，廣州晝見大星出，小星群繞。」

有個大星在白天出現，還有一些小星環繞著它。史書只簡單的如此記述，也有可能是大流星，若不是流星則就是幽浮。

一五九五年

十月二六日，《明史五行志》：「萬曆二十三年九月癸巳夜，永寧有火光，形如屋人，隕於西北，永昌、鎮番、寧遠所見同。」

《廿四史》也記有「明神宗萬曆二十三年九月癸巳夜，永寧火光，如尾火，隕於西北。」

甘肅境內三個縣城永昌、鎮番、寧遠都看到一個發光體，可見這是大範圍目擊事件。

一五九七年

十月六日，《明史五行志》及《明神宗實錄》記錄明神宗「萬曆二十五年八月甲申，肅州、涼州，天有火光，形如車輪，尾分三股，約長三丈。」

《廿四史》也記有：「明神宗萬曆廿五年八月甲申，肅涼二州，火光在地，形如車輪，尾分三段，約長三丈。」

天上的火光形狀如車輪，而且火光能照耀地面，不會是流星隕石的光，應是幽浮。

一五九九年

《明通鑒卷七十二》明神宗萬曆廿七年「九月辛亥，太白經天。」

《明史馮琦傳》：「太白、太陰同見於午。」

又是一個白天飛越天空如金星般的幽浮，以及似月亮的幽浮。

約一六〇〇年

馮夢龍《塊雪堂漫記》寫有：「已酉二月中旬，從兄讀書其邑天寧秀碧峰房，粥後倚北窗了夜課。忽聞寺僧聚喧，急出南軒，見四壁照耀流動，眾曰：天開眼。仰見東南隅一竅，首尾狹而闊，如萬斛舟，亦如人目，內光明閃閃不定，似有物，而目眩不能辨。暗淡無色，須臾乃滅。」

這又是一則「天開眼」的事件，就是夜晚出現的發光體。

一六〇二年

《安徽銅陵縣誌》：「明神宗萬曆三十年秋，夜有星如卵，光散照地，後隨小星二，複有大小二星飛行梭織。」

如果本則沒有記載「複有大小二星飛行梭織」這一句，那麼就有可能是一個流星，因為會梭織飛行的物體絕對不會是自然星體，當然是幽浮。

一六〇二年

《明通鑒卷七十二》明神宗萬曆三十年「九月己未朔，有大星見東南，赤如血，大如門，忽化為五，中星更明，久之，會為一星，大如簏。……又有大小星數百，四面交錯而行。」

《明史天文志》也有相似的記錄。

這是一個發紅光的大星化為五個，後又會合成一個。後又有大小星數百個，交錯亂飛，如果這不是流星群的話，就是一大群幽浮了。

一六〇四年

《明通鑒卷七十三》明神宗萬曆三十二年「九月辛酉，歲星、填星、熒惑聚于危。」木星、土星、火星三顆星聚集在飛馬座、小馬座、寶瓶座交界區域一帶，距離黃道有二十度，不會是天文上的星體，應為三個發不同光的幽浮。

一六〇七年

四月，《山西高平縣誌》：「明神宗萬曆三十五年三月，初昏，有星自東而西，去地僅二丈許，經米山及縣城，形如帚，而有火光，已忽不見。」

離地只有二丈發著火光的長形星，會飛經米山及縣城，後突然消失不見，實在不可能是天然的星，應是低空飛行的幽浮。

一六〇七年

四月二九日，《浙江嘉興府志》：「明神宗萬曆三十五年四月四日，有黑光如日數十，與日相蕩。」

這是數十個不發光類似太陽般大小的飛行物體的記錄。

一六一三年

《明通鑒卷七十四》明神宗萬曆四十一年春正月，「真定天鼓鳴，流星晝隕有光。」

白天出現一個發光流星，應不是自然界的流星，而是幽浮。

一六一六年

《明通鑒卷七十五》明神宗萬曆四十四年，「秋七月壬午，西北有流星，行入貫索，二星隨之。」

西北方出現一個流星，飛入北冕座，有二個小星跟隨它。這樣的描述如果不是真正的流星，就是幽浮。

一六一八年

鄭仲夔所著《耳新卷七》記有明神宗萬曆四十六年的事件：「熊休甫所居前二池，萬曆戊午夏間，日正中，忽有物，沉香色，圓滚如球，從樹梢乘風躍起，墜前池中，池水為沸，少頃複躍起，墜于近池，視前池沸聲更噪，其墜處翻濤如雪，池水頓黃，久之奮躍，

從門旁東角沖舉而去，不知所向。」

這天正午時分，有個圓形物體突然從樹梢中飛出來，掉入水池中，使水沸騰，不久又飛起來，後又掉進附近的水池，隔一段時間後又奮飛起來，直衝天空而消失。

這樣的詳實描述已明明白白告訴我們那是一個飛行發光體，因為自然界中找不到此種飛行狀態的物體。

一六二〇年

八月廿四日，《河南鄢陵縣誌》：「明神宗萬曆四十八年七月丙申，日初出，有星如盤，自西東流，直犯入日中。」

太陽初出現時分，也就是天剛亮的時候，有個盤狀的星直飛入太陽，這個當然不會是任何自然界星體，一定是幽浮。

一六二一年

《明通鑒卷七十七》：「明熹宗天啟元年二月廿二日，遼陽有數日並出，又日交暈，左右有珥，白虹彌天。」

此段說天上出現數個太陽，更妙的是「左右有珥」，明白指出這個發光體的形狀就像當今大家熟悉的圓盤狀中間突出的幽浮。

一六二二年

《明通鑒卷七十八》明熹宗天啟二年二月「丙戌，太白晝見；五月壬寅，山東巡撫奏：『日中月星並見。』禮部尚書孫慎行以為大異，不省。」

二月，太白金星在白天出現；五月，月亮和星星同時在白天出現。禮部尚書也覺得很奇異，所以可知這是二件幽浮事件。

一六二二年

十二月，《廣西合浦縣誌》記有「明熹宗天啟二年十一月，有大星如斗，尾帶數十星，狀如連珠，從東北飛至西南而沒，時已黃昏，光明照耀，樹木屋舍皆可辨。」

黃昏時分還能將樹木房屋照得明亮的大星，應不是普通的星，而是發強光的幽浮。

一六二三年

九月廿七日，《江蘇吳縣誌》「明熹宗天啟三年九月四日夜，西方金星自南入月，及月落，星終不出。」

金星從西方飛來然後從南端飛入月球中，一直到月亮落下地平面，這個星都不再飛出來，可見它不是普通的星，而是飛回基地的幽浮。

一六二四年

明熹宗天啟四年七月，鄭縣於甲子七月間，「夜半忽有響如山裂，有一大鳥從東南飛

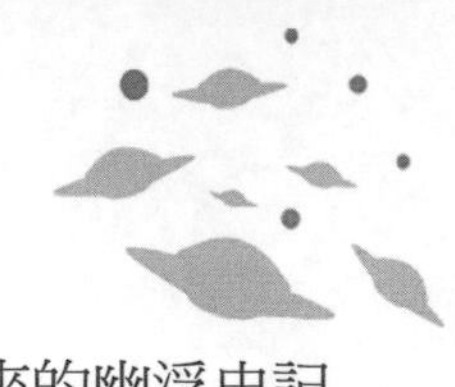

往西北去，身具五彩，作火焰光。」

又是一個會發出五彩火光的大鳥，如前所分析，當然是幽浮了。

一六二四年

四月十六日，《明史天文志》「明熹宗天啟四年二月癸醜，黑日摩蕩日旁。」

又是一個在太陽旁邊出現的不發光的圓形物體，當然是幽浮。

一六二六年

二月四日，《明史天文志》「明熹宗天啟六年九月十六日夜半，一星漸入月中無影。」

又是一個飛進月球而消失的物體，當然是幽浮。

一六二七年

七月廿四日，《江蘇吳縣誌》「明熹宗天啟七年六月十二日夜，有星大如碗，從東而西，冉冉而去。」

又是一個大如碗從東向西慢慢飛行的幽浮。

一六二七年

八月，《浙江溫州府志》「明熹宗天啟七年七月，樂清有星大如斗，光焰燭天，墜地徐行，其聲颯颯，逾時入海而沒。」

大如斗發強光的星，掉到地面上還會慢慢飛行，最後是飛入海中而消失。此種物體當然是幽浮。

一六三四年

《山西汾陽縣誌》「明莊烈崇禎七年夏，昏，有奔星出參三伐，轟轟有聲，星尾紅光如縷，直垂至地如斷，冉冉再上，良久方滅。」

從獵戶座出現的奔星發著紅光，垂直地降落地面，然後又冉冉往上飛，很久才消失。這絕不是正常的星可以解釋的，一定是幽浮。

一六三七年

八月十日，《河南虞城縣誌》「明莊烈崇禎十年六月二十日夜，天狗星墜，大如盤，光芒如日，赤色亙天，移時方滅。」

形狀似盤、發著像太陽光芒的物體，就是典型的幽浮。

一六三八年

《明通鑒卷五》記載「明莊烈崇禎十一年四月十九日，壬子，歲星晝見。」

白天出現木星？這是不可能的天象，應為幽浮。

一六三九年

《鳳翔縣誌》「明莊烈十二年……四月，有星隕于居民袁晝家，不及地旋轉如冶金，良久漸高飛去，光照數十里。」

一個很接近地面在旋轉發亮的物體，很久之後又漸升高飛走，光芒照亮附近數十里。如此的現象當然只有幽浮才做得到。

一六四二年

一月廿四日，《福建羅源縣誌》「明莊烈崇禎十五年十二月初五日夜，月東南方飛出一物，電光閃爍，聲若雷鳴，歸西北方。」

一六四三年

月亮東南方飛出一個閃爍發光的物體，也會發出雷鳴聲，當然只能用幽浮來解釋了。

八月十六日，《浙江天臺縣誌》「明莊烈崇禎十六年七月初三日夜，有火塊大如車輪，自東角屋上流入西門，餘光如線，長數丈，經時方滅。」

一個大如車輪的發光體，飛行高度只有房屋高，如果是正常的流星，早就應掉在地上成為隕石，可見這不是星，而是幽浮。

一六四三年

《明通鑒卷八十九》明莊烈崇禎十六年「十二月辛酉朔，恒星晝見。」

白天出現一個恒星，這是很奇怪的描寫。古書中記載的都是行星晝現，只有此處用恒星來表達，不知差異性為何？不過，它應是幽浮無疑。

一六四四年

三月二日，《河北東光縣誌》「明莊烈崇禎十七年正月廿四日夜，有巨星入月。」

又有一個巨星飛入月球，當然不是任何星體，而是幽浮。

一六四四年

王逋《蚓庵瑣語》記有：「明莊烈崇禎十七年七月十六日午刻，忽樹顛現一大紅龍紋，旋轉不息，一食頃望西北冉冉而去，遠近咸睹。」

樹頭上出現一個旋轉不息的大紅光物體，向西北方慢慢飛去，遠近的人都目擊到，可見這是一件幽浮事件。

七、清以後的幽浮記錄

一六四六年

三月十九日，《江西奉新縣誌》：「清世祖順治三年二月初三夜，西北方有群星，狀如槍刀劍戟，赤色光芒，有一星光芒直沖鬥口。」

在西北方出現的群星形狀是長形的，又發著紅光，其中有一星的光特別強，照射到北斗七星的杓口部，自然界的星不可能如此，可見這些星體全是幽浮。

一六四八年

七月十九日，《湖南通志》：「清世祖順治五年五月廿九日，申初刻，有星赤黃，圓如大匏，尾曳如繩長約丈，曲折旋繞，自西南墜。」

《湖南湘潭縣誌》也有相同記載。

有一顆星發著紅黃色光，形狀圓形如大匏瓜，拖著丈餘長的尾巴，會曲折旋繞的飛，在西南方沒入地平線。

我們知道天上星體的運行軌跡都是直線的，不會旋繞，因此本則描述的星當然不是自然界的流星，而是幽浮。

一六四八年

八月，《浙江溫州府志》：「清世祖順治三年七月，日午，天半有物，色白，大如箕，自樂清之南方飛入北，空中有聲如雷。」

中午時分有個白色大如箕的物體在半空中出現，從樂清縣南方飛向北方，並且發出如雷的響聲。這樣的描述當然是幽浮。

一六四八年

十二月十五日，《福建羅源縣誌》：「清世祖順治五年十一月初二夜，妖星見西北，形似笏，乍伸乍縮，忽光忽暗。」

夜間天上西北方出現一個妖星，形狀像長形的笏，一會兒伸長、一會兒縮短，亮度忽變亮忽變暗。這是無法用自然界的星來解釋的現象，只能視其為幽浮。（笏，就是古代臣子上朝時，雙手恭敬拿著的長條形的板子）。

一六五二年

二月，《山東東昌府志》和《山東恩縣誌》均記有清世祖「順治九年正月，三更，自西南有赤光，大如碾盤，聲如水鴨飛狀，往東北而去。」

本則明白寫出有個物體從西南方出現，發著紅光，形狀大如碾盤，又發著如水鴨飛行拍打的響聲，向東北方飛去，這當然是幽浮。

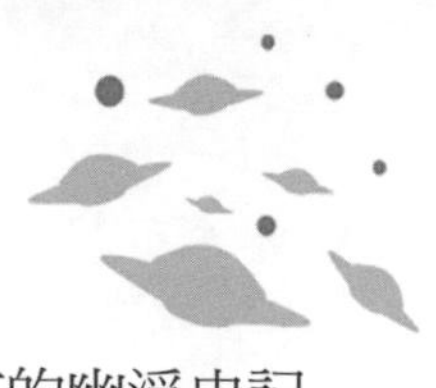

一六五二年

十一月，《江蘇璜涇志稿》：「清世祖順治九年十月，南有群星團聚，一星大如月，光有芒，蓋孛也，由井逆行至畢、昴而沒。」

南方有一大群星體團聚著，又有一個大如月的星，發著光芒，宛如彗星，由雙子座飛到金牛座就消失了，這也是幽浮的現象。

一六五三年

八月十六日，《浙江海鹽縣誌》：「清世祖順治十年閏六月廿四日，夜三更，紅日出東北方，大如斛。夜半月始升，滅不見。」

這個在三更時分出現在東北方的「紅日」，大小好像一個口小底大正方形的斛，到夜半時分月亮升起，此物才消失不見，這個紅日當然不會是太陽，只是一個似太陽的幽浮。

一六五四年

《山西潞安府志》：「清世祖順治十一年春，流星貫月，月正上弦，徘徊天漢，一流星而漸近，逐入月中，食頃方退。」

《山西長治縣誌》和《山西通志》也都有記載，可見是確鑿的事件。

先是流星橫貫月亮飛過，當時月球是上弦月（半月形），正在銀河間，後有一流星漸近的飛入月球之中，吃一頓飯時間才不見。若是正常的流星是不會有此現象的，這個貫月的流星應是幽浮。

一六五四年

三月二十日，《河北束鹿縣誌》：「清世祖順治十一年二月初三，夜半有火光斗大，徐行空中，自北而南，落本城南大街西觀音堂前旗杆頂上，略止，旋徐向西北去。」

夜半有一個火光像斗一樣大，發著紅光，在空中慢慢飛行，從北飛向南，落到鹿縣城南大街西觀音堂前的旗杆頂上，停了一會兒，又慢慢的向西北方飛去。自然界的星絕對不會如此飛行的，這樣的飛行物體是十足的幽浮。

一六五七年

十一月十七日，《甘肅秦州志》：「清世祖順治十四年十月十二日，夜二更，有紅星如斗，從月邊如球滾下，過西北，天鼓大響，比雷還震。」

夜間二更的時候，一個如斗大的發紅光物體，從月球下方出現，飛向西北，且發出比雷還大的聲音，這應可視為幽浮。

一六五八年

一月廿七日，《湖南龍陽縣誌》：「清世祖順治十四年十二月廿四日夜，有紅光三道，垂照縣城中若炬，達晨始收。」

天空中垂照下來三道紅光，垂照到縣城中好像火炬一般，到早晨才熄滅。此現象和本

世紀西方一些幽浮停在空中射下光束的目擊情形相吻合，因此這三道紅光應為幽浮所射出。

一六六二年

九月十一日，《浙江海鹽縣誌》：「康熙元年大旱，七月二十九日，二龍起海中，赤龍在前，青龍在後，身如車輪，鱗甲火發。自龍君祠北登岸，過柴家棣，倒屋百餘間，傷一人。」

二條龍從海中飛起，紅龍在前面，青龍在後面，形狀像車輪，全身發著火光，從龍君祠北邊飛往內陸，飛過柴家棣，使百多間房屋倒塌，且傷一個人。這種一個發紅光，一個發綠光車輪般的物體，曾因低空飛行而產生倒屋傷人事件，這兩個光體應是低空飛行的幽浮。

一六七九年

《湖南永明縣誌》記有：「清康熙十八年己未，八月十七日昏時，有大星如斗，從西北經天漢，飛過東南，有聲，白光竟天。」

有一個大如斗的星，在黃昏時刻，從西北經過銀河，飛到東南，又會發出響聲，所發出的白光照得整個天空都很亮，這也應是強光幽浮。

一六七九年

十二月十六日，《湖北巴東縣誌》：「康熙十八年冬十一月十四日戌時，天方陰晦，忽雲際有光，如火而白，大如席，照地纖毫皆見。中有聲似雷非雷，殷殷不絕。稍頃作霹靂聲，其光散為大炬，隨聲向東北而止。」

天空正陰暗時，忽然雲端發出光來，像火光又像白光，大如桌子，光線照得大地景物清清楚楚，其中又發出似雷非雷的聲音，綿綿不斷，不一會兒，發出霹靂聲，光芒大似大火炬，向東北方飛去。這個發強光的物體當然是幽浮了。

一六八六年

《廣東順德縣誌》：「康熙二十五年丙寅夏，縣東北迭石海夜吐珠，光芒觸天，連吐三夜，士民聚觀如市。」又記有：「迭石有老蚌長如小舟，秋夜浮而吐珠，直上如月，然不常見。」

順德縣東北迭石處，海中老蚌形狀長如小船，秋夜浮出海面，吐出一個珠，光芒都照到天上，連吐三個晚上，老百姓圍觀如鬧市。這個吐出的亮珠，又會直上飛行。

這個記載很具體，和宋朝時揚州的珠可以相比，當然不會是自然界海裡的珠，只能說老蚌就是幽浮，珠是其小型探測器，才能圓滿解釋。

一六八八年

清人鈕琇在其所著的《觚剩》卷六「空中黃傘」中記有：「康熙二十七年春夏之交，去雲南省城四十里，西南有山，每遇天晴之午，輒有黃色寶蓋從山頂暫起升高，聳入天半，燦曜飛揚，徐徐而下，乃複軒舉，薄暮，黃色始淡。至暝乃沒，如是者兩月餘。」

離雲南省城四十里處，西南邊有山，每遇到天晴的午間，就有「黃色寶蓋」從山頂飛升而起，飛到半天高，所發的光燦曜飛揚，然後慢慢下降，之後又再度升起，到了黃昏，發的黃光變淡，到夜晚就不見了，這樣的現象持續二個多月。

「黃色寶蓋」就形如幽浮，所以它會從山頂向上飛起，並放出燦曜的光芒，然後慢慢向下降，又向上飛行，此種事件在當時曾持續兩個多月，足可視為幽浮外星人在當地做調查。

一六八八年

蒲松齡著的《聊齋志異》卷十〈夜明〉記有：「有賈客泛於南海。三更時，舟中大亮似曉。起視，見一巨物，半身出水上，儼若山嶽，目如兩日初升，光四射，大地皆明。駭問舟人，並無知者。共伏瞻之。移時，漸縮入水，乃複晦。後至閩中，俱言某夜明而複昏，相傳為異。計其時，則舟中見怪之夜也。」

一般視《聊齋志異》為志怪書，但蒲松齡自己說內容資料都是當時各地發生的事件，

所以本則不可當做神怪看待，反而值得研究。

這是發生在台灣海峽靠福建省中部海邊的事，當時有一個巨物從水中浮出，形狀如山嶽，上頭有兩個發強光的地方，光芒照得大地都明亮，不久又漸漸縮入水中，大地又一片晦暗。事實上這是一個大型幽浮，一半在海中，一半浮出水面，所以看起來像山一樣，而此幽浮有二個照明設備，被當時的人稱為「目」。

一七一七年

五月廿五日，《浙江杭州府志》：「康熙五十六年四月十五日，星變，異光燭野，起東南，亙西北，其形如船。」

有一個奇怪的星，發著奇異的光照亮大地，從東南方飛向西北方，形狀如船。這種的發強光的物體，也許是長形的幽浮母船。

一七四八年

十月十六日，《安徽涇縣誌》：「乾隆十三年秋八月二十四日酉刻，有流星經天，狀若寶蓋，光四射。起東北，沒西南，散作火光而滅，有聲如雷。」

有一個流星飛越天空，形狀似「寶蓋」，光芒四射，從東北出現，消失在西南方，然後散成火光而後消逝。「寶蓋」的形狀就是幽浮的形狀，因此此物體應該是幽浮了。

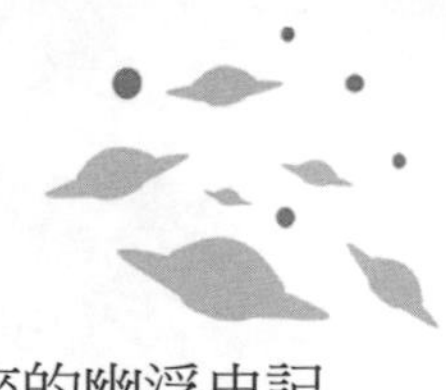

一七五二年

五月，《陝西葭州志》：「乾隆十七年四月某日晡時，有紅光大如輪，從東北方流於西南。」

又有一個大如車輪發紅光的物體，從東北方飛向西南方，這個車輪當然又是幽浮。

一七五二年

乾隆十七年，《江西贛州府志》：「雩地旱魃為虐，耕者恒中夜戽溪流以灌，有甲乙某，方張具溪畔，遙見茂林中火光騰灼而來，焰高丈許，疾行如飛。」

有二個人看到茂林中有一個火光飛起來，高度丈餘，然後疾行如飛而去。此物無法用正常的星體來解釋，應該是幽浮才對。

一七七一年

八月十日，《貴州桐梓縣誌》：「乾隆三十六年七月朔初昏，有物至東北來，長數丈，黑色如鰍狀，眼大如盤，光芒四照，徐由西南去。逾刻又一物來，如前狀，稍短小，化為青霧而散。」

有個物體從東北方飛來，長數丈，顏色如泥鰍狀的黑色，又有大如盤似的眼睛，發出的光芒四射，過了一刻鐘，又有一個物體飛來，形狀和前一個一樣，只是稍短小一點，最後化做青霧而消逝。本則中的兩個物體，實在無法從自然界中找到，所以應是幽浮。

一七八〇年

《貴州遵義府志》：「乾隆四十五年九月中，見天忽開，紅綠色。十月中二更，見天南方有物大如牛，漸如山，色紅燭地若晝，逾時滅。」

九月，天上出現一個發紅綠光的物體；十月，又出現一個發紅光照得大地如晝的大物體，形狀如山，過一小時後才消失。這些都只能用大型幽浮來解釋。

一七八一年

八月六日，《上海松江府志》：「乾隆四十六年六月十八日大風雨……，風作前日，拓林城外有物大如屋，渾沌無頭足，貼地而蹶，越護海塘去。所過平地如溝，莫識其為何物。」

有一個大如房屋渾沌圓形的物體，會貼地飛行，也會越過護海塘，所經過平地都被挖出一條溝，無法用自然界物體來解釋，當然是幽浮了。

一七八五年

乾隆五十年，清錢泳著《履園叢話》記載：「乾隆乙已歲大旱，是年十一月初，中石湖中，每夜間人聲喧噪，如數萬人臨陣，響沸數裡。左近居民驚起聚視，則寂無所有，第見紅光數點，隱見湖心而已。自鎮江、常州以至松江，嘉湖之間，每夜均有光照徹遠近，村人鼓噪，其光漸息，俄又起於前村矣。」

中石湖每個晚上都有好像萬人聚集的喧雜訊，附近的居民都起來看，總見到數點紅光，隱沒在湖中。另外在長江口三角洲一帶，從鎮江到上海間，每晚都有強光照徹遠近，如果村民發出鼓噪聲，那個不明光體就熄滅，但不久又從前村升起。這是湖中光體的記錄，有人鼓噪就熄滅，否則就發光，應為幽浮現象。

一八一三年

十二月，《甘肅重修鎮源縣誌》：「嘉慶十八年十一月，東北有星，旋轉若飛，終夜旋轉不已，有似燈光閃爍狀。」

東北方出現一顆星，整夜旋轉不停的飛、又有閃爍燈光。自然界找不到這種星，所以明顯的是幽浮。

一八一八年

八月廿三日，《上海松江府續志》：「嘉慶二十三年七月二十三日，黑光自東南至西北，有聲如雷。大風雨，飛瓦石，拔樹木，郡西南城角壞。居民數十家有見之者，其形如車輪然，盤轉空際，鱗甲首尾無可辨。」

有個形狀似車輪的黑光物體，停在空中盤轉，又會發出如雷聲音。此物經過時會起大風雨、使瓦石飛散、也會拔起樹木、損壞城角，可見其威力很大，數十家居民都目擊過，它的形狀就像車輪，會在空中盤旋轉動，外殼的紋路看得很清楚。此種會在空中盤旋的物體，正是幽浮的寫照，絕非天然現象，故應是幽浮。

一八二一年

七月，《廣州府志》：「九江堡古潭，道光元年六月，有怪自海心起，形如小舟，長丈餘，若層雲，黑白相間。飛至村中，拔古木，壞祠宇廬舍十餘間，斃一巫者。」

有個怪物從海中飛起，形狀如小船，長一丈多，又像一個黑白相間的雲，它飛到村中，拔起古木，損壞房舍十多間，又使一人喪命。這又是一則造成災害的幽浮事件。

一八三五年

五月十六日，《貴州桐梓縣誌》：「道光十五年四月十九日初昏，聞天鳴。六月初四日（六月二十九日），夜見天光兩道自天下，頃刻為一，漸收至天為一星，大如月，久乃滅。」

夜晚從天上射下兩道光，片刻合而為一道光，後逐漸上收，形成一顆星，大小如月亮，很久才消失。自然界的星絕不會有此現象，由文中可知，此現象和不少幽浮在天上射下光芒，然後收光，只剩一個發光體的記錄完全一樣，可見應是幽浮事件。

一八三九年

九月，《貴州湄潭縣誌》：「道光十九年八月某日將晚，有星神自空際降於永興場後周家坡，光如閃電，幻作人形，長逾三丈，手秉火炬，大嘯七聲，向西飛去。」

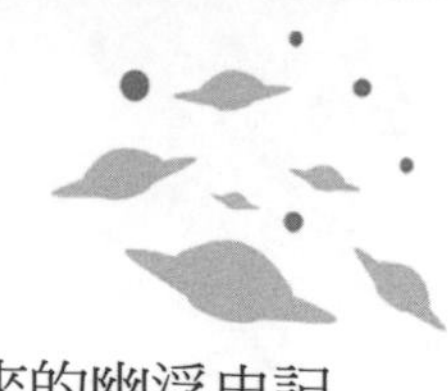

從天上降落在永興場後周家坡的「星神」，發著如閃電的光芒，長三丈多，發出七聲如大嘯的聲音，最後向西方飛去。此「星神」是大型幽浮。

一八四十年

九月十二日，《廣東韶州府志》：「道光二十年八月十七夜，初更，曲江樟村潭村見天上有物極紅，頭似箕，尾數丈，由北轉南而沒，連響數聲如雷。」

初更的時候，有個發著紅光的物體，形狀如箕，由北飛轉向南方，而消失掉。值得研究的是本則用「轉」字，因此可知此物不是只能直線飛行的自然星體，而是會轉向，所以應是幽浮。

一八四五年

二月十一日，《壽光縣誌》：「道光二十五年乙巳春正月初六，月出自北方。」

農曆初六的天上是不會有大明月出現，古人也知此現象，這一個晚上，月亮出現在北方，被記錄下來，足以證明它就是幽浮。

一八四六年

趙鈞著《過來語》：「道光二十六年六月初二日正午，天上有赤團如球，斗許大，自南飛向北。又有一道淡紅色如虹者隨後，又有一道白色如煙，追隨虹後，長相等，相接飛過，其聲隱隱如雌雷。」該記錄手稿尚有部份保存在溫州市圖書館。

天上出現一個赤紅色圓球形物體，如斗大，從南方飛向北方；又有一個是淡紅色如虹形的物體跟在後面，又有一個白色如煙的物體，長度都相等，相連隨後而飛過天空。這樣的物體當然是幽浮了。

一八四九年

十月六日，《江西興安縣誌》：「道光二十九年己酉八月二十日，三更後，正東赤光見，旋降赤球大小五，綿亙不斷，仍複上收，見者駭異。」

正東方出現赤紅光，一會兒降落大小不等的五個紅球，後又往上飛去，見到的人都感到很駭異。此種現象無法用任何已知物體來解釋，所以只能視為幽浮。

一八五一年

一月十日，《四川會理州志》：「道光三十年十二月初九日，日方出時，忽如閃電，轟然有聲，空際有物上尖下圓而色紅，向西飛去，響若迅雷。」

太陽剛升起時，突然出現上尖下圓紅色飛行物體，也會發著如雷的響聲，向西飛去。此現象不會是自然星體，而是幽浮。

《四川會理州志》另記有：「道光三十年十二月二十二日，夜二鼓，天黑如漆，忽隆隆有聲，天際有十數金圈，勾連纏繞，西南角湧一紅珠，照地光明如晝。約數刻，倏然不見，依舊昏黑如漆。」

天黑如漆的夜晚，突然出現隆隆響聲，天空出現數十個金圈，加上一個紅珠，照得大地似白天，數刻鐘後突然消失，大地依然昏黑一片。這樣的描述已指明是幽浮。

一八五一年

十一月十日，《湖北隨州志》：「咸豐元年九月十八日辰刻，有星如月，行遲有聲。」又是一顆如月亮的星，慢慢飛行。如書前所分析，當然是幽浮。

一八五六年

四月廿四日，《雲南沾益州志》：「咸豐六年丙辰三月二十日酉刻，有物頭大數圍，身尾長數丈，紅綠輝映，金光閃爍，由西南半空飛落東北之野，杳無形影。」

一個大型物體，發著紅綠色光輝映著，又呈現金光閃爍，從西南飛向東北而消失。這個金光閃爍的物體當然是幽浮了。

一八六〇年

《雲南景東縣誌稿》：「咸豐十年庚申八月，一夜間，聞萬鐘齊鳴，自近而遠。次日視之，山中樹木雖大至數十圍者，亦折為兩段，順道而去，若開路然。」

本則記錄和一九九五年發生在貴州林溪農場的幽浮事件完全一樣，也是不知名物體飛過，將整排樹木折斷。這兩個相同事件相隔一三五年，令人尋味。

一八六二年

《湖北竹溪縣誌》：「同治元年農曆八月十九日夜，東北有星火如月，色似爐鐵，人不能仰視，初出聲則淒淒然，光芒閃爍。頃之，向北一瀉數丈，欲墜複止，止則動搖，直至半空，忽然銀並乍破，頃出萬斛明珠，繽紛滿天，五色俱備，離地丈餘沒，沒後猶覺餘霞散彩，屋瓦皆明。」

東北方出現一個形狀像月亮發強紅光的物體，亮得使人不能仰視，不久向北方飛落，要掉落之前卻停住了，停在半空，突然爆破開來，撒出萬斛明珠，繽紛滿天，各種顏色都有，離地高度約一丈多，而後消逝。

會停在半空中，絕不會是任何星體，當然是幽浮了。不過，本則描寫此物爆裂後放出滿天明珠，這樣的現象是前所未見的，不知是不是指該幽浮爆炸了？

一八六五年

《奇聞怪見錄．神火》記有：「先叔祖芸生公，于同治四年五月下浣晚間，雖星斗無光，而天氣暑溽，清夢難成。爰邀其二弟同往南門閒步，乘涼散悶。俄見半裡之遙橫山相近，火光熊熊，愈發愈巨，愈透愈高。竊訝彼處曠野荒郊，無人居住，疑系銀火（俗謂地下有銀，能於夜間發生火光，厥狀如磷，透若干高，藏若干深，是說頗驗），使弟往察之，約走數十步，忽望見真相，急呼弟回，與同觀之。則見一神人，身高數丈，手持一傘，渾

身是燈，並有無數小神，各持一燈，在神之胯下，往來如梭。曆一小時之久，光忽四散，疾如風電，倏焉而歿。叔祖生前常舉以告人。」

《奇聞怪見錄》是浙江績學士汪大俠所撰，記錄他積數年所收集的遺聞軼事，並非自創的幻想作品。這一則記載夏天天熱難睡，看到半里遠的橫山，出現一個熊熊火光，越來越大，越飛越高，正在訝異曠野之中沒人居住，怎麼會有此亮光，以為是銀火，便向前去察看。

竟然看到一個「神人」，身高數丈，手中拿著一個傘狀物體，全身統統是燈，還有無數個「小神」，手中各拿著一個燈，在附近來來往往，一個小時之後，疾如風電的飛走了。很明顯的，這是不明發光體及外星人的目擊記錄，這些外星人手上拿著燈具做照明用，在山上不知做什麼，一小時後此發光物體疾如風電的飛走了。

一八六九年

三月十三日，《山西遼州志》：「同治八年二月一日，白晝有圓而紅者如火，大小三四，大者如輪，由東而西，隨即天鼓鳴。」

白天出現發紅光的圓形物體，大小三、四個，大的如車輪，從東方飛向西方，當然是幽浮。

一八六九年

《湖南會同縣誌》：「同治八年十一月某日夜，忽如雷震一聲，天自裂開，廣約數十丈，空空洞洞，毫光閃爍。中墜一巨塊，紅如爐火，飛走四方，光芒照物，明如白晝，一時不見。旋一黑巨塊接彌而來，頃刻天昏地暗，未知是何祥也。」

某天晚上天忽然裂開，寬約數十丈，裡面空空洞洞的，卻見到毫光在裡面閃爍，突然從其中掉下一個巨大物體，發強紅光，飛走四方，發出的光照得像白晝，一下就不見了。後又出現一個黑色物體，造成天昏地暗，文中未記載它們掉落地上，可見是飛逝而去的物體，因此這兩個物體只能視為幽浮。

一八七六年

十一月廿九日，《浙江嘉善縣誌》：「同治六年丁卯十一月初四日，天未明，有星見於震方（東方），色白，形長如龍。有頃，尾卷而上，圓如日，其色赤，其光灼然，達旦而滅。」

天未亮前，東方出現一個白色星體，形狀長形如龍，不久尾巴上卷，變成紅色圓形如太陽的物體，發著明亮紅光，清晨才消失。這個會變形的物體，又發強紅光，作不是太陽，是個十足無法解釋的幽浮。

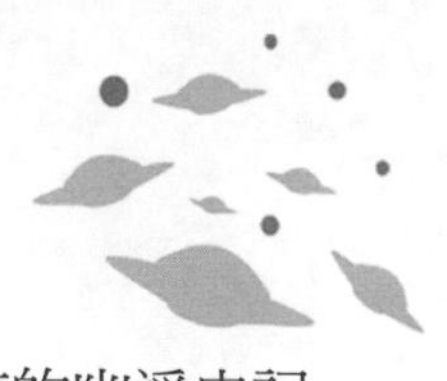

一八七七年

八月十五日，清代淮陽人百一居士所著的《壺天錄》中記有：

「丁丑歲七月十七日，揚州一士子夜讀，忽見北首牆上，光明如晝，以為鄰人失慎，急趨出見之，則天半有一紅球，大如車輪，華彩四射，流於雲端，隱約有聲。餘光越三刻始斂盡焉。次日，通城轟傳，所見皆。是夜，秦郵湖中光更朗，若自南直駛西北。」

百一居士生存年歲中的「丁丑歲」為光緒三年。當天夜晚揚州一位讀書人忽然看到北面牆上，光亮像白天，以為鄰居失火了，便趕忙走出室外，看到天上出現一個大如車輪的紅球，華彩四射，飛行在雲端，第二天整個城的居民都在轟傳此事，可見這是一次大轟動的幽浮事件。

一八七八年

六月十六日，《壺天錄》又有一則：「蘇城於此月十六日，有火光一道，大若車輪，自東而西，如星之隕，如電之掣，霍霍有聲。閶門外居民悉見之。」

這是發生在蘇州城西北門閶門的幽浮事件，此物大如車輪，速度極快，由東往西，目擊人數極多。

一八八〇年

六月十五日，《湖北松滋縣誌》記有清光緒六年五月初八發生的事：

「西岩咀覃某，田家子也。晨起，信步往屋後山林，見叢薄間有一物，光彩異常，五色鮮豔，即往撲之，忽覺身自飄舉，若在雲端，耳旁颯颯有聲，精神懵昧，身體不能自由，忽然自高墜下，乃一峻嶺也。覃某如夢初醒，驚駭非常，移時來一樵者，詢之，答曰：『餘湖北松滋人也』，樵者咋曰：『子胡為乎來哉？此貴州境地，去爾處千餘裡矣。』指其途徑下山，覃丐而歸，抵家已逾十八日矣。究不知所為何物籲，異哉。」

覃某人早上起床，在林中看到一個光彩異常五色鮮豔的物體，便接近它，忽然被此物舉起來，飛在雲端，耳邊有颯颯的風聲，精神感到迷糊，身體感到無法自主，後被放在一個峻嶺，如大夢初醒，非常害怕，不久遇到一位樵夫，一問才知自己已從湖北來到貴州，兩地相隔一千多里，便依樵夫所指示下山，十八天之後才回到家。

這個事件記錄相當精彩，和現代不少幽浮挾持事件完全相同，可知這是十九世紀的一次值得研究的幽浮挾持事件。

一八八四年

清代畫家吳友如的《點石齋畫報》第十二集有一幅〈赤焰騰空〉圖，畫面為許多身著長袍馬褂的市民聚集在南京朱雀橋頭，仰望高掛在空中的一團火球而議論紛紛。畫家在畫面上方落款寫到：

「九月廿八日晚間八點鐘時，金陵城南隅忽見火球一團，自西而東，形如巨卵，色紅

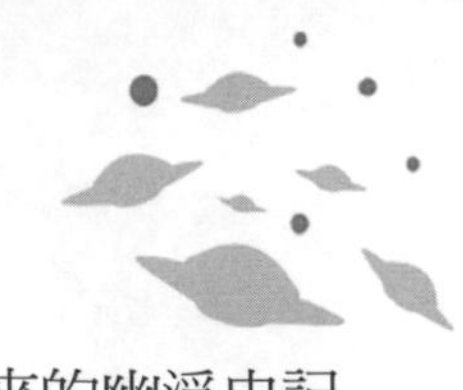

而無光，飄蕩半空，其行甚緩。維時，浮雲蔽空，天色昏暗，舉頭仰視，甚覺分明。立朱雀橋上翹首者不下數百人，約一炊許，漸遠漸滅。有謂流星過境者，然星之馳也，瞬息即杳，此球自近而遠，自有而無，甚屬濡滯，則非星馳可知。有謂為兒童放天燈者，是夜風向北吹，此球轉向東去，則非天燈又可知。眾口紛紛，窮於推測。有一叟雲，是物初起時微覺有聲，非靜聽不覺也，系由南門外騰越而來者。嘻，異矣！」

清人吳友如的題記，可謂是一件詳細生動的目擊報告。火球掠過南京城的時間、地點、目擊人數、火球大小、顏色、發光強度、飛行速度以及各種猜測又不得其解，都有明確記述。

文中提到三點，以航空專業的立場來看，描述很好，其一是吳氏把赤焰飛行的特點與流星相比，卻不認為是流星；其二，根據風向與飛行方向否定了此物為兒童所放的天燈；其三，他已具有今日電視記者的作風，知道訪問老叟，且能記下「微覺有聲」的紀錄，在一百年前的中國實在是不可多得之人才。所以當年南京城南邊出現這一個卵形紅光物體，可謂是很難得而明確的幽浮事件。

一八九〇年

《奇聞怪見錄．巨星》清德宗光緒十六年，「先嚴遊桐廬，適值該縣演劇，熱鬧異常。爾時鴉片盛行，主人餉以煙，臥談至午夜。時當秋初，天高氣爽。忽聞雷聲隆隆，人聲喧

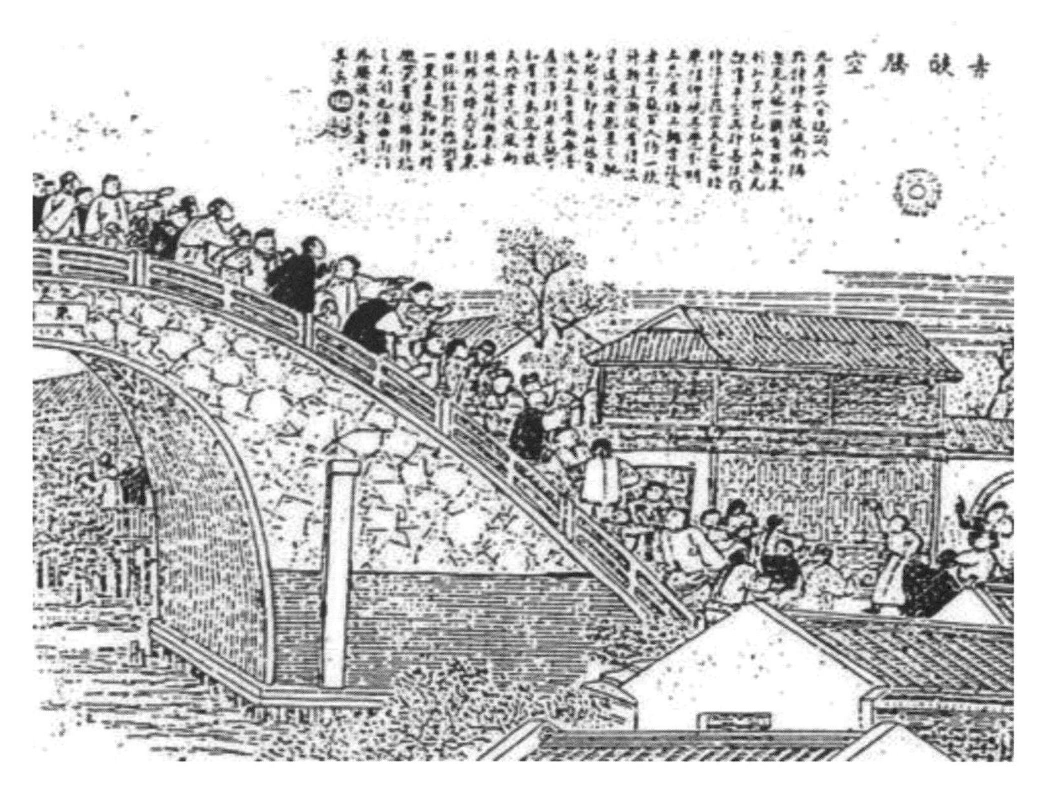

《點石齋畫報》赤焰騰空圖

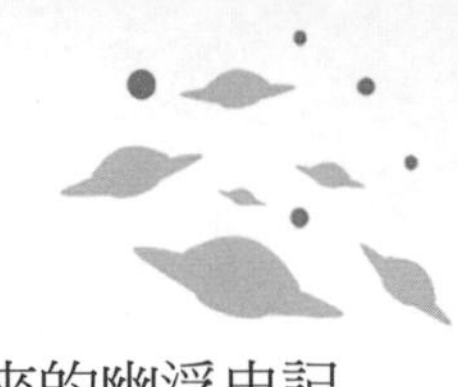

嘩，深為詫異。相與出外視之，仰見天際有巨星三顆，排列成一直線，最大者直徑約丈餘，以次遞小，自東北而西南，悠悠而逝。主人知星命之學，當以年庚推算，謂是時降生者，必系非常之人。未蔔其言果驗否耶。」

初秋的一個晚上，天高氣爽，突然聽到雷聲隆隆，天上有三顆大小不等的星，排成一左線，悠慢的從東北飛向西南，然後消失，此天象被懂星命學的人推算會出生不凡的人，可見這是不尋常的天象，若不是流星就是幽浮。

一八九二年

五月，《貴州甕安縣誌》：「光緒十八年四月，甕裡豬場于夜半時，忽有一物從西北方飛落，其形如馬，身有五彩，移時不見。」

半夜突然有一個物體從西北方飛來，形狀如馬，發著五彩光芒，一小時後就不見了。此種形狀的不明飛行物很少見。

一八九八年

十一月三日，《山西和順縣誌》：「光緒二十四年九月二十日晡刻，縣城東南天鼓鳴，鳴畢望之，有黑氣一道，內帶球一隻，色近藍。頃刻形跡全消。」

「黑氣一道內帶球一隻」的形狀正是幽浮的形狀，可見這是發藍光的幽浮。

一九〇〇年

九月八日，《廣西來賓縣誌》：「光緒二十六年庚子歲秋八月中秋夜，空中巨響，有大火球如車輪，火光照原野，隕於西方。南一裡永平團林村、那蒙田、半腿諸村民昇之尤悉，皆驚愕，村犬皆狂吠。」

中秋夜晚，空中出現一個形狀似車輪的大紅光物體，發出的火光照亮原野，數個村莊的村民都目睹，也都感到驚訝。這個物體當然是幽浮。

一九〇六年

一月十八日，《河北文安縣誌》：「光緒三十一年十二月二十四日酉刻，東南有光上沖雲霄，下如車輪，閃閃射目，四周村莊映照可辨。逾久，上射之光漸斂，遂沒。」

有個形狀似車輪，發出閃閃射目光芒的物體，將四周村莊照得很亮，也發出一道向上的光柱，過一陣子，向上的光才熄滅。這個物體當然是幽浮。

一九〇七年前後

約光緒三十三年前後，《奇聞怪見錄．星變》：「餘年十四，暮春之天。某晚登樓，推窗而望，遙見對面山巔，有星一顆，光芒閃爍，俄而落於山腰，化為燈兩盞，旋化為四，又化為八，盤旋而舞。亟喚家人觀之，至則漸漸分開，三盞向北而去，五盞由南而行。群歎為異事，或謂系流星所致，然傳載隕星化石則有之，未聞一星而化數燈者也。」

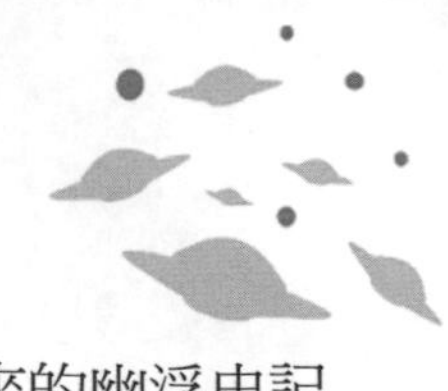

這是浙江績學士汪大俠的親身目擊事件，有人說是流星，但已被作者用「未聞一星而化數燈者」否決了，可見有其道理，而且此星俄而落到山腰，不久又會盤旋而舞，化為八顆之後，三顆飛向北，五顆飛向南。自然界的星星絕不會如此飛行的，因此很明顯這是一群幽浮。

一九〇八年

八月，《河北棗強縣誌》：「光緒三十四年七月夜，有火星飛行半空，來自北而南，其形如盤，光如電燈，一時光斂而沒。」

有一個紅色的星，飛行在半空中，從北向南飛，形狀如盤子，光如電燈。此發紅光的物體是典型的幽浮現象。

一九〇九年

九月，《貴州八寨縣誌稿》：「宣統元年秋八月某日，朗天氣清，忽天空現出五大圈。西南兩圈略大，其色赤紅，相並如姊妹然。東北三圈略小，其色白，相連如貫珠，然不知主何吉凶。」

天空突然出現五個大圈形物體，西南兩個較大且發紅光，東北三個較小且發白光，它會相連如一串珠。這些都應是幽浮才對。

一九一六年

中華民國國父孫中山先生一生事蹟極多，在當年曾率胡漢民、鄧家彥、朱卓文、陳佩思、周佩箴、戴季陶、陳去病等先生，赴杭州、紹興、寧波考察後，又因視察象山、舟山軍港，順道旅遊了普陀山。

一九三四年，普陀高僧印順法師，寫過《遊普陀山志奇》的由來一文，收集在《南海普陀奇聞錄》中，並曾發表在《佛教日報》上，一時轟動佛教界。因為記載一九一六年八月廿五日，孫中山先生由普陀山慧濟寺住持了余方丈陪同，攀佛頂山天燈檯，登高放覽。此時海風習習，涼爽怡人，煙螺數點，無比清勝。孫中山先生獨徘徊忘返，而忽見奇景異物，驚詫不已。

遊覽歸來，在慧濟寺方丈室，命陳去病先生代筆記錄所發生的事，並將自己所佩「月白風清」印章蓋上，原文留在寺內。這一段文字甚至出現在一些佛教書籍：

「……旋赴慧濟寺，才一遙矚，奇觀現矣！則見寺前恍矗立一欣偉牌樓，仙葩組錦，寶幢舞風，而奇僧數十，窺其狀，似乎來迎客者。殊誅之儀，觀之盛，備舉之提。」

佛教界樂於引述這段文字，以表示孫中山先生也曾見過與佛僧有關的靈異現象。一九三六年一一月，《逸徑》半月刊發表了馮自由先生寫的〈孫中山先生「游普陀志奇」跋〉，文中說：「謂當登山時，中山先生遙見慧濟寺前雲光繚繞，有無數僧人盛服排列其

上，類出迎狀。」

一九五三年十二月，鄧家彥先生在臺北一枝廬寫的《國父游普陀述異》一文中說：「至若蜃樓海市，聖雲物異，傳聞不一而足，目睹者又言之鑿鑿……國父口講指授，目炯炯然，顧盼不少輟。」

一九八一年，台灣商務印書館出版的《南海普陀山奇聞異錄》一書，作者為普陀山普濟寺知客僧煮雲法師，書中說：「孫中山先生于民國五年八月與胡漢民等諸先生來山，在佛旋山，國父睹靈異。」

然而孫中山先生這一段文字之後的「目擊記錄」卻被忽略，實在可惜，因為它才重要，現在讓我們來看看孫中山先生是如何寫的：「轉行近，益了然，見其中有一大圓輪盤旋極速，莫識其成以何質？運以何力？方感期間，忽杳然無跡，則已過其處矣。遂詫以奇不已。余腦臟中素無神異思想，竟不知是何靈境？」

這段文字數十年來當然會被忽略，因為「無法解釋」，現在我們依文來做個考據：

一、孫中山先生在近距離清楚地在空中見到一個大圓輪——「轉行近，益了然」。

二、此圓輪盤旋相當迅速——「盤旋極速」。

三、孫中山先生不知那個空中大圓輪是什麼物質製造的——「莫識其成以何質」。

四、也不知此圓輪是用何種力量運行的——「運以何力」。

五、孫中山先生正在感到疑惑時，此物突然杳然無跡而消失——「方感期間，忽杳然無跡」。

六、孫中山先生一向沒有怪力亂神的想法，卻無法解釋方才所見——「餘腦臟中素無神異思想，竟不知是何靈境」。

由以上幾點，已知孫中山先生將大圓輪的種種說得十分真切、具體，它的形狀、速度和消失情況，正與ＵＦＯ所具有的特徵一模一樣，毫無牽強之處。因此我們可以說，孫中山先生在一九一六年遊浙江普陀山時，在近距離看到過ＵＦＯ。

這是近代史中相當有價值的幽浮記錄，此段文字清楚描述孫中山先生在近距離清楚地在空中見到一個大圓輪，此圓輪盤旋相當迅速，他不知那個空中大圓輪是什麼物質製造的，也不知此圓輪是用何種力量運行的，正在感到疑惑時，此物突然杳然無跡而消失。現代的我們當然能夠很清楚地知曉那就是當代經常出現的幽浮。

一九一八年

《山東夏津縣誌續編》：「民國七八年間，張作霖未進關時，八月初旬更余，西北方空中一火球由西而東北、而東南，又從東南而西北，如是者三。初疑為人放雲燈，終止於正北不動，方知是一遊星。」

一個火球由西方飛向東北方，又飛到東南方，又從東南方飛向西北方，這樣飛了三

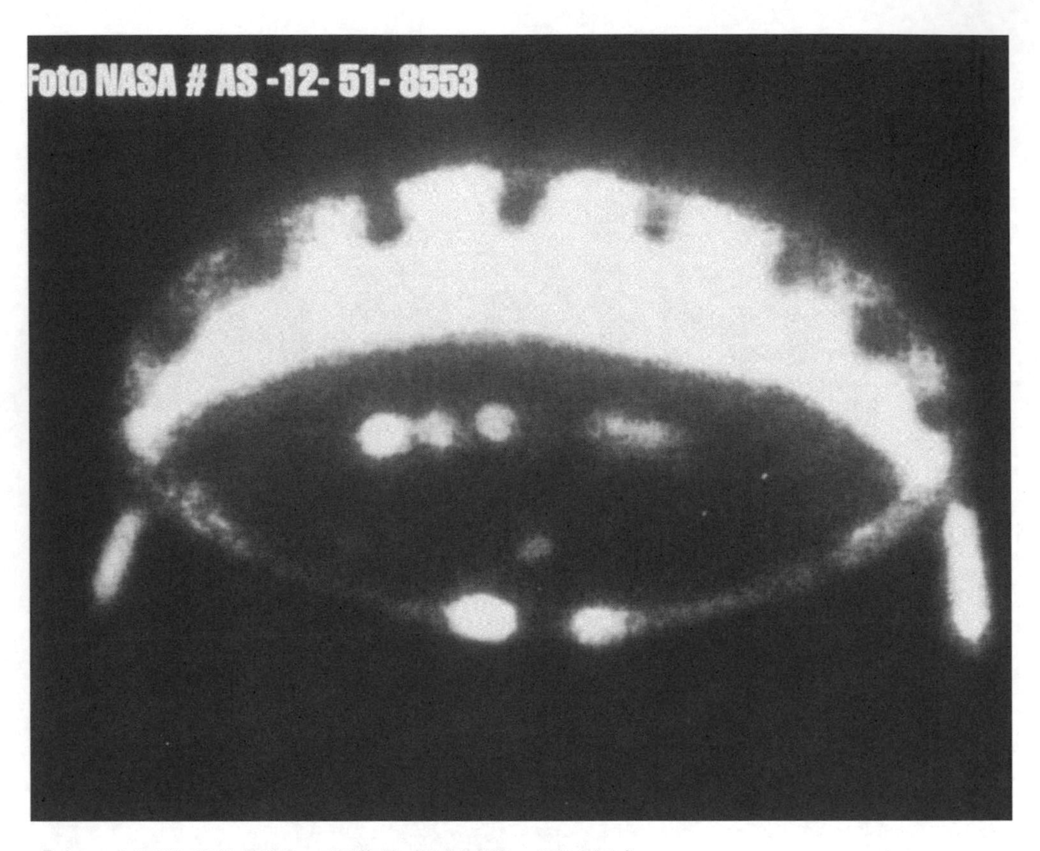

「有一大圓輪盤旋極速，莫識其成以何質？運以何力？」
這是 NASA 編號 #AS-12-51-8553 檔案照片。（NASA 檔案）

次，起初有人懷疑是放天燈，後因此物停在正北方不動，才知是一個遊星。此種現象絕不是自然界的遊星能做到的，所以應是幽浮。

一九一九年

十二月，《雲南景東縣誌稿》：「民國八年己未十一月，有星大如輪，自北而南，如鳥飛過。」

本則記錄民國八年十一月某天，有一顆星大如車輪，從北方飛向南方，好像一隻鳥飛過一般。這又是一個大如車輪的幽浮記錄。

一九四二年

時值日本侵略中國，一位日軍在當時的河北省天津市街道中間，拍到下方這張照片，堪稱為中國第一張幽浮照片。

他過世後，兒子整理其父親的遺物時發現這張照片。（台灣飛碟學會檔案）

八、可信的若干現代幽浮記錄

一九五六年

三月五日，當時擔任台灣臺北市圓山天文臺的蔡章獻台長，在夜間觀看星空時，發現疑似幽浮。這個光體最先在東天獅子座南邊，呈暗紅色，亮度大約是零度，慢慢向北移動，由獅子座 γ 星和 δ 星中間橫過，移至北天子午線時，亮度稍減弱，速度轉慢，停留一段時間後，行至大熊座 θ 星附近轉了一大圈，向東邊回來，速度加快，利用天文望遠鏡觀測已經不容易找到，亮度更減弱，似乎位置更高了。

等到它移至獵犬座時，和普通的小星相差無幾，然後逐漸消失在夜空中，飛行時間約三十五分鐘。

一九五九年

九月五日，時間在下午十時廿九分，蔡章獻台長又看到飛馬座秋季四邊形的仙女座 α（室宿一星）南側出現一顆二等星，根據星圖這個附近應該沒有星，他看到這個光點向上畫成九十度弧形，停了一下再畫半個弧形，兩分鐘內，這個光體卻已繞著室宿一星走了半圈，然後又緩慢向東北方移動，亮度逐漸減弱，至最後消失不見，飛行時間廿六分鐘。

一九六九年

六月廿八日晚八時廿五分左右，當時在臺北圓山天文臺的蔡台長又發現臺北上空有幽浮，恰巧蔡台長的胞弟蔡章鴻在天文臺，利用天文臺的望遠鏡觀看這個不明飛行物體。

根據蔡章鴻的敘述，可以從望遠鏡中看到的真實外表，是碟型圓盤，全外殼均發強烈的橘紅色光，比織女星還要亮，它從東北往西南飛行，在空中曾停止不動約十秒鐘，從發現至消失約有二分半鐘。到晚間九時十五分左右，這個稀奇古怪的飛行物體又再度在臺北市南方上空出現，並且停留約十五秒鐘。

在同一時間，臺北市許多市民也向天文臺報告，說發現這個飛飛停停、隱隱現現的不明物體，遠距離目睹像一支雪茄煙。蔡台長肯定發現不明飛行物體無誤，因此他以「天文臺發現」的名義發佈此則消息，許多報紙在隔日刊登出來。

當時蔡章鴻曾應用天文臺的五吋海軍用望遠

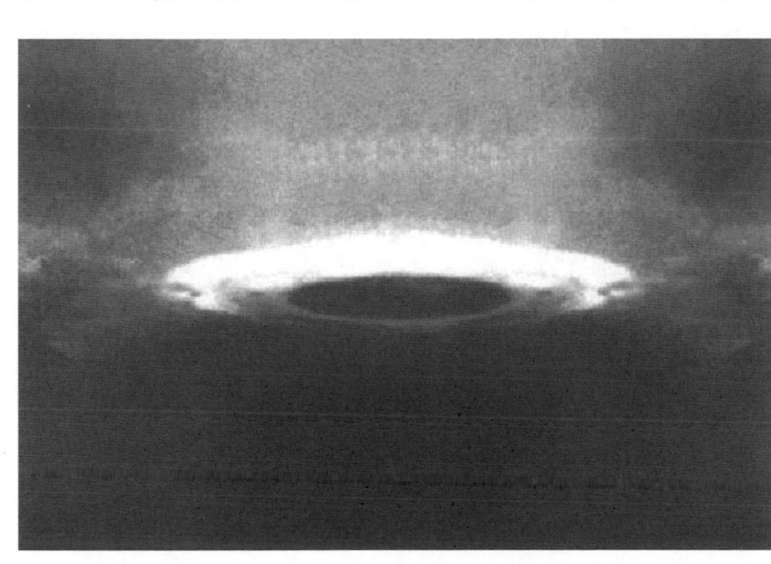

鏡，裝上美樂達十六釐米的黑白照相機，拍下了台灣有史以來第一張幽浮照片。

但是使用這種五吋海軍用望遠鏡觀看時，視線是經過九十度的垂直反射，拍照時較難控制，因此鏡頭無法正確的對準幽浮，以致拍攝到的幽浮影像截去了一半。上圖是將一半的照片左右對映做成左右兩邊完整的圖像，這是台灣第一張幽浮照片。

一九九五年

十二月，台灣總統大選活動展開之後的第三、四天，臺北縣基隆市警察局保安大隊出動保安警力，對全市區待命服勤，警員楊鎮通擔任駕駛鎮暴車輛，在七堵拖吊場服完晚間勤役之際，他即載著三分局警備隊人員返回分局。

他將鎮暴車輛駛往七堵拖吊場，等候小隊長返回市區之際，當時約為廿二時二十分左右，親眼目睹前方監理站方向約半公里處上空，有一具清晰的幽浮，緩緩垂直上升，幽浮體型巨大，為一架大圓盤造型，橙色，下方有五具燈，在暗夜中分外耀眼。

楊員表示，他從來不去看有關幽浮的報導，看到了該景象之後第一個反應是驚嚇、不可思議，因受平日受訓的直覺反應，立即蹲下來觀察。他蹲著看這個龐然大物垂直緩緩上升至雲端，約五分鐘之久才消失，沒有任何聲音，寂靜的夜晚只見五個燈一閃一閃的，他不敢相信是真的，不斷的以手揉眼睛，直覺得太神奇了。

一九九六年

一月五日晚上六時三十分，蘇花公路一五一公里處，載運礦石的卡車司機江明宗，無意間發現海面上突然發出強烈光芒，仔細一看，強光從一飄浮在距海面約五十到一百公尺的物體上發出，呈現靜止狀態。卻又在不到一秒鐘的時間內消失在空中，懷疑所見就是一般所說的幽浮。

他說，當時一起駕車的司機和路過旅客約四、五十人，都停車來觀看，亮光共有八盞，呈Z字型，起初司機以為是貨輪，但越看越不對勁，因為輪船的燈光沒有那麼亮。突然間，強光似乎直逼而來，一對駕駛箱型車的夫婦，誤以為會撞過來，急忙啟動油門，疾駛而去。而在場司機大感驚訝，彼此以對講機連絡，不敢下車查看。

轉瞬間，八盞不明亮光熄了七盞，只剩頭部一盞。從上方可以清楚看出，發光物體是一圓形的龐然大物。依司機估計，以他們載運煤渣的經驗，圓型物體的體積，約有四萬噸貨輪那麼大，顏色似乎是灰色。當只剩一盞亮光時，不明物體即發出低沈的隆隆聲，時間不到一分鐘，之後，亮光往四周探照一周，似乎晃動了一下，就在不到一秒鐘的時間內往天空飛去，倏忽不見。司機們有措手不及的感覺，從發現不明飛行物到飛離視線，前後共約十分鐘。

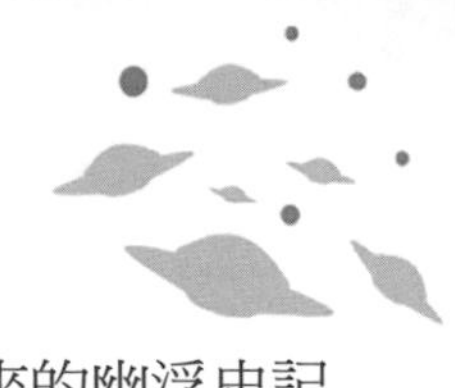

一九九六年

二月一日晚間六時五十分左右，在馬祖東引島開計程車的林祥雲指出，他駕車經過東引島發電廠附近時，往天王澳口方向看到一個圓盤狀的發光物體，下方還有類似投影燈形狀的燈光，帶淡黃色，停留不到五分鐘，這個物體便往上飛升，隨即燈光熄滅消失無蹤。

從運動及發光方式來看，不像是飛機。他說，他看到不明飛行物體後，和朋友聊天時發現，其他居民及駐軍也在同一時間都看到幽浮，可證明不是他看走眼。隨即在同月二日、六日晚間六時五十分到七時十分間，又在同一地點發現相同的不明飛行物體，最多一次曾停留七至八分鐘。

三日凌晨也有居民在東引島南澳口外，看到類似的不明飛行物體，左右飛來飛去，幾分鐘後消失。據瞭解，軍民四度目擊不明飛行物體，軍方人員曾呈報上級單位，並通知東引島雷達站注意，事後瞭解軍方雷達站在不明飛行物體出現時，沒有發現異狀。

一九九六年

二月二日晚間六點五分，天快要黑的時候，桃園機場塔臺一名男性管制員，突然看到機場西北方海平面上，約五千呎的方位有發光體，立即用望遠鏡觀察，見到二個發光碟狀的不明飛行物體，由左向右緩緩移動，從不規則形狀到呈現左右二個三角形狀。經向進場塔臺雷達管制員詢問，雷達上並未出現這些飛行物。

隨後，在監看過程中，兩個光點在移動中，曾經穿入雲層，等再出雲時，光點增加為五個。而且是前二後三的組合排列，此異象反覆持續了近一小時之久，到七點完全消失。

據航管員表示，他們雖然不敢肯定看到的就是大家所說的幽浮，但他們可以確定，以光點移動速度的快慢與方式來看，絕對不是一般的飛行器、照明彈或飛行氣球可以做到。對於能看到此種難得一見的異象，他們都感興奮。

這位塔臺人員進一步指出，當五個不明物體向東南緩緩移動時，長榮航空公司一架正在航道上飛行的離場航機外籍機長也發現光點，並用無線電呼問究竟是何物體，但塔臺螢光幕上看不見任何光亮東西。

航管也表示未接到任何的通告，桃園空軍基地也只證實，當晚有夜航訓練。機場塔臺副台長周光燦也在當時目睹。他說，這些不明物體就像飛機關了燈飛行一樣，向東南緩緩移動，當天雲層很低，感覺就像在雲中忽隱忽現，很難估計距離，看起來是在緩緩水準移動，持續約一小時，不過發出的光曾一度熄滅，但隨即亮起，由左往右做水平的移動。

周光燦表示，不明光亮物體狀如一般餐盤大小，最先是二個穿入雲層，後再度出現時卻又變成五個，兩個在前三個在後，直到六時五五分才消失在黑夜中。以他多年的航管經驗，也很難對這個現象做判斷。

就在塔臺發現的同時，進場台接到當時由嘉義正飛向松山的大華班機九五六八班次的

蕭姓機師報告，表示他在後龍上空看到外海有二對隔得很遠，形狀怪異且呈重疊狀的亮光物體，掛在天上，沒有移動，機上乘客和航管人員及其它正在附近空域的機師都看到。

大華航空蕭姓機師表示，以前在空軍飛F一〇四戰鬥機時，就曾目睹不明飛行物體，轉任民航後，因為航機速度較慢，看到的次數更多，每次形態都不同，還有發出七彩光芒的，兩周前某個晚上才在北部上空看到一個像是「三個頭」的光體瞬間飛過。

他回憶說，當時天色已黑，又逢尖峰時刻，飛機在五千呎天上，很多飛機等待進場，他在後龍看到這二對很亮呈橘黃色，很怪異的不明飛行物就掛在天上，他打開無線電問其他飛機機師有沒有看到，有人說他看到了，但認為是照明彈。

他認為根本不可能是照明彈，因為它就掛在天上不動，照明彈也打不了那麼高，和其他機師用無線電通話後，「它」就熄滅，不一會兒又亮起來，此時飛機在新竹埔頂上空盤旋等待進場。後來到林口，仍然看得到，前後的時間很久。蕭姓機師降落松山後，聽航管說有七個不明物體，塔臺很多人也看到，因此，他更確信不疑。

一九九六年

三月十日下午五時六分，華航〇一七次班機滿載二九四名旅客由夏威夷經東京，預計傍晚五時二十分降落桃園機場。

在機場外海九浬海域上空，正依臺北進場台航管人員指示，由三千呎降至二千呎，機長龔家齊突然聽見駕駛艙內的避讓雷達響起一聲聲告警訊號，隨即從雷達幕上看見一個不明飛行物，在〇一七班機的左側二至五浬處，也就是在〇一七班機與機場之間的海域。

副駕駛盧本賢立刻向航管人員查證這個飛行物，但航管人員回報表示，管制雷達上並未發現〇一七班機周圍十海浬內有任何飛機，但附近有海軍艦艇，可能是艦艇發出的雷達訊號。

由於〇一七班機正在穿雲下降，緊盯著避讓雷達的機長龔家齊，又發現不明飛行物在接近駕駛艙正前方二至五浬，且隨時可能發生碰撞。

龔家齊當即採取向左緊急閃避措施，這個飛行物瞬間即滑至〇一七班機右側與後方。雖然副駕駛盧本賢與航管單位查證過程，航管人員認為可能是我方軍艦，但正、副駕駛認為不像是軍方艦艇的通訊回跡。

〇一七班機被這個不明飛行物干擾約五分鐘後，才於傍

Captain Kenji Terauchi holding his drawing of the UFO he witnessed. (By courtesy of Japanese

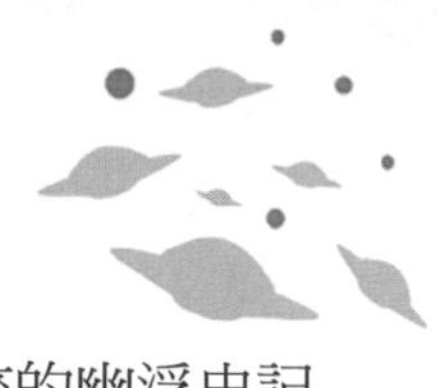

晚五時十八分安然降落中正機場。事後，大多數旅客與後艙空服組員只表示，班機在下降過程確實有異常的晃動，但不知道是被不明飛行物干擾。

正、副駕駛下機後，面對媒體詢問時不太願意敘述細節，只是以略帶玩笑的口吻說「應該是幽浮」。

一九九六年

三月十五日晚間八點多，一位住在台中縣神岡鄉社南村的林太太，打電話給聯合報台中辦事處，說在台中縣警察局社口派出所前方天空，有一個發亮物體在緩慢移動，當地不少居民都跑出來看，大家在議論紛紛。

記者立即打電話查問，蔡姓值班警員說他看到的發光物體有二團，一團在派出所前方上空，有六個發藍、橙、紅光，基座呈橢圓形，移動速度很慢，一個小時後才消失；另一團則在台中港方向，飛得較高，也有數個光點，但較不清晰，飛行速度較快，不多時就消失。

另有一位住在梧棲鎮的黃姓鎮民也表示，他在八點四十多分，在台中火力發電廠方向上空，也看到一個比星星還大的不明飛行物，上面有紅光、下面有綠光，往西邊飛去，有時會停佇不動，有時飛得很快，約十多分就消失。

一九九七年

六月二十日，日亞航班機七時許從中正機場起飛，約在台南上空一萬四千米高度，池田機長發現右前方兩側出現各四盞不明光點，看不出光點中間有東西存在。他用數位液晶顯示照相機連續拍下八張照片，此事件在當時相當轟動。

一九九九年

十二月八日傍晚，中國時報報導服務於南投市銓美影視公司的南投市男子李俊宏，傍晚四時從臺北收工，乘車南下途中，於高速公路桃園楊梅交流道附近，偶然注視天空時，發現有一特別閃亮亮的圓型光圈，好奇的以手中的錄影機，用望遠鏡頭拍攝下來，結果，他意外的透過鏡頭發現，這個光圈往南方移動，且帶有很長的尾巴，而且不只一個。

他仔細搜尋天空，發現至少有三個，他直覺這是千載難逢的好機會，隨即要求同伴於收費站附近停車，並興奮的下車拍攝。李俊宏下車拍攝約三分鐘長度，從影片裡可清楚看到，天空裡共有三個光點，都帶有兩條長長火紅的尾巴往下降，十分壯觀。

由於飛機的飛行應是平行的，但該光束卻是直直往下墜，這才發現這三個光點和光束確實蒙著極神秘的面紗。由於這「異象」，與一般飛機飛行的光點有明顯差異，眾人嘖嘖稱奇，也引起參謀本部相關單位注意並將之列檔。

據瞭解，軍方相關單位查證後確定此一事件與軍事無關，並將其列檔為「不明飛行

物」。依據軍方資料，這也是一九九九年第一件「不明飛行物」的類似事件。

二〇〇〇年

七月九日下午約四點，在台中縣太平市，勤益技術學院學生林樂和，於下課時間與同學兩人發現學校窗戶遠處的山上，出現一顆明亮的不明發光體。呈左右微微不停的晃動，並漸漸的往下方飄去，約三分多鐘後慢慢的落到山下去了。

二〇〇二年

九月十二日，台中市的劉先生帶著孩子到美術館踏青，赫然發現天空上有兩個月亮，由於當天是農曆初七，不可能滿月；而且當地不是飛行航道，應該不會有飛機出現。

有天文物理專家就表示，以季節而言，右側一個可能是金星。曾經是天文學社員的劉先生就懷疑，那麼左側另一個光點到底是什麼？

二〇一〇年

繼前幾天新疆傳出發現不明飛行物之後，七月七日晚在杭州的蕭山機場上空也發現了不明飛行物。據媒體報導，出現在杭州蕭山機場的不明飛行物並沒有被人目擊到，而只有某些儀器發現了不明飛行物的行蹤。

根據蕭山機場的工作人員表示，確實在杭州上空發現不明飛行物，有關方面已經介入調查，但還沒有任何結論。

後來，我接到以前認識的一位中國時報記者的電話，親口說：「當時他就在蕭山機場候機室內，要搭飛機。確實，當時蕭山機場整個被封鎖，他看到機場中間的停機坪上被軍方用很大的布幕圍起來，不知圍著什麼。幾部軍車開過來靠近，下來幾個人，走進布幕內。他當時也不知怎麼回事。」

後來看到媒體簡單報導蕭山機場出現不明飛行物，說沒有任何結論。他才回想起來，當時在候機室看到外面的景像，應該有關連，可以說那個布幕圍著的就是降下來的飛碟，他認為軍方人員應該是進去與外星人見面。

二〇一〇年

二〇一〇年七月十四日晚，在重慶市沙坪壩天陳路的上空出現了四個幽浮，在沙坪公園也能看見，其中三個排成三角形，還有一顆在後邊跟著，但很暗。而且這四個幽浮，除

了後面的一個外，其他都很亮，亮的出奇，和周圍的其他星星的亮度成了鮮明對比，並沒有像其他星星一樣一閃一閃。

而且這四個幽浮還再慢慢的移動，但如果說是飛機，飛機移動不會這麼緩慢，如果說是直升飛機，燈是會閃的；如果是LED風箏，也不大可能，因為幽浮的高度看起來至少有四萬米；如果是照相機照的反光，為什麼肉眼也看得見？

這個事件在騰訊大渝網、網易、中華網都有官方報導，而且周圍群眾也目擊了這一事實。

二〇二〇年

六月二十二日上午八時多，住在淡水的蔡先生在望向八里觀音山時，拍下精彩的幽浮照片。

2020 年 6 月 22 日上午八點多，一位住在淡水的蔡先生，在陽台遙望對岸八里時拍到的飛行中的 UFO 照片。透過朋友張之愷博士發給我，po 在 facebook 上。

放大圖

二〇二〇年之後

由於網路發達，各種 UFO 照片與影片充斥，因此不再羅列了。

重要的是，現代人不能仍然停留在評斷有沒有幽浮外星人的幼稚階段，而是在二〇二〇年之後，必須進一步深入思考宇宙真相的境界，所以本書只是宇宙真相的引言而已。

2005 年 8 月 13 日，朋友龔先生三人拍照時，左側後方出現飛碟。

篇三：我的第一手資料

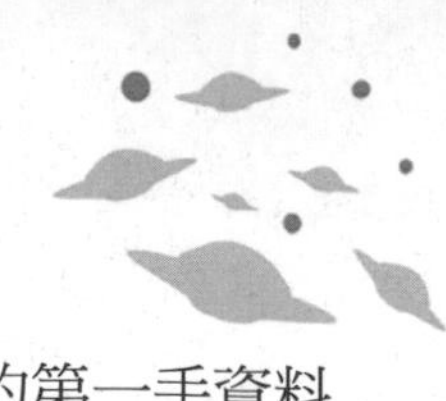

一、中國黑龍江神秘女外星人

一九九四年六月廿九曰，從大陸國家科學委員會傳來訊息，有人報告在黑龍江省五常縣山河屯林業局紅旗林場的鳳凰山，發現白色不明飛行物，位置在東經一二七度五九分，北緯四四度七分，目擊者有十多人，其中孟照國遇到女外星人。

一九九四年八月中旬，我到北京參加並主持《九四年亞太地區幽浮資料展示暨學術交流會》時，中國大陸ＵＦＯ學者告訴我六月間在黑龍江省發生一件極轟動的第三類接觸事件，科技日報、鏡泊晚報、中央電視臺、當地電視臺、電臺都對此事件做了報導，有關科技單位也派人進行瞭解。

會期第三天下午，由北京ＵＦＯ研究會理事長陳燕春主持，參與實地調查的前中國ＵＦＯ研究會副理事長張茜蕘先生做報告，並放映調查過程的錄影帶，一時之間，熱絡的討論將會中氣氛炒到最高點。

哈爾濱工業大學陳功富教授也後續參與調查，帶了不少資料和照片，有部分不便公開發表的事件男主角孟照國的訪談資料，便利用晚間到我的房間，和少數核心人士共同討論。九、十月間，北京ＵＦＯ研究會組織一個調查小組再度前往，並訪談當地一些相關人士，沒想到在和孟照國見面不久，外星人又透過孟傳達了一些資訊，當場令調查人士直呼太珍貴了。

我將資料帶回台灣，就寫了簡單的文章刊登在已有十三年歷史的中華飛碟學研究會會刊《飛碟探索》十月號上，因屬會員刊物，市面上得知的人不多。十二月中旬接到北京來的電話，說整個事件仍有後續發展……

一個白色物體

事件是這樣的，一九九四年六月廿九曰，有十多人在黑龍江省五常縣山河屯林業局紅旗林場的鳳凰山南坡，發現白色不明飛行物，三〇〇公尺近距離目擊者兩人。

於是北京科技日報記者便與黑龍江省科學技術委員會四位幹部即從哈爾濱驅車前往調查。經過四個多小時的急駛，在山河屯林業局找到向國家科委報告此事的宣傳幹事關洪聲，以及林業局科技辦公室孫主任，在他們帶領下又行駛三小時，改乘森林小火車抵達紅旗林場，找到目擊者孟照國、李洪海、馮少波、翟士文等工人，由他們口中開始進入轟動一時的中國第三類接觸事件，這也是中國第一個被幽浮擊昏後恢復記憶的事件。（圖：孟照國）

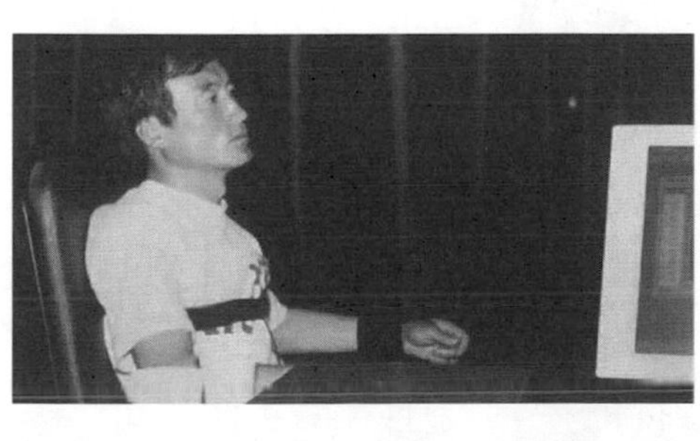

孟照國通過測謊器，證明沒有說謊

他們說，從六月四日起，十多人入山採集山野菜，先後到過一四六林班和一三五林班，都看到對面鳳凰山南坡有一個巨大白色物，本來以為是冰或是雪，也沒去注意，可是六月季節又覺得不是，因為是在對山山坡，距離有五、六公里以上，無法看得確切，他們也就沒再多想。

六月六曰孟照國在挖野菜時又看到此物，認為可能是掉落的氣象氣球，因以前在山上也拾到過，便產生到現場去弄點尼龍繩、割點膠皮用用的想法。七日便約了李洪海（二六歲），帶著扳子、挖刀一塊上山。

鳳凰山海拔一六三三米，山上遍長洋草、江蔥，除了野草、伏地松以外，還有連成片的岩石。此山由於不常有人上山，所以沒有現成山路。

他們兩人走了四個小時，在中午一一時左右，接近鳳凰山南坡第二道山脊五百來米處，發現一片岩石上停著那個白色物體，接近到三百來米時，看淸此物有五十多米長、約三米高，形狀像一個躺著的大問號「？」又好像沒有螺旋槳的直升機，整個是乳白略帶黃色。

在大問號的頭部有一個占整體三分之二面積像青蛙眼般凸出的玻璃罩式的東西，而另一端像魚尾般左右分叉，此物體下方又有類似支撐架的東西，看起來沒有接觸到岩石。整個物體給人的感覺就是像大頭部吸在岩石上。

尖銳機器聲

孟照國當時非常驚奇，覺得這東西不尋常，便好奇的再往前走去，大約距離一五〇米時，突然聽到物體發出十分嚇人的尖銳絞盤機的聲音，嚇得他們往回跑。

過一陣子聲音停止了，他們鎮靜了一會兒，要李洪海在原地等著，他自己再往前接近此物。走近約一五〇米時，物體又發出比第一次時間長的怪聲，更怪的是身上帶有金屬物品的部位，如手錶、腰帶鐵環、上衣口袋的扳子、及拿挖刀的右手，都像被電擊似的發麻。

「這時我非常害怕。」孟照國說，他就又往回跑，

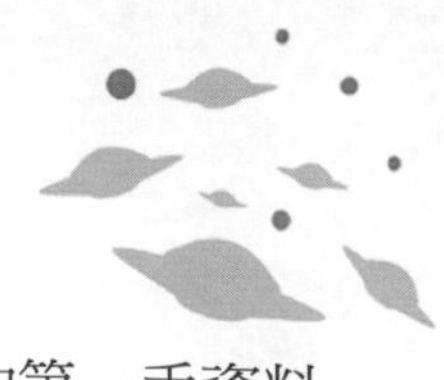

可是看著這怪物又好奇還有點不甘心，於是又換了個路線接近它，結果和前兩次都一樣，又有尖銳機器聲，又發麻。實在是害怕，就和李洪海（照片中人）回家，並將此事說給周圍的人聽，李洪海說他距離較遠，沒有被電擊的感覺，只感到心口難受。

林場副場長蕭士淸和工會主席周穎根據孟照國和李洪海所講述的，以及許多上山採野菜的人都證實對面的鳳凰山確實有白色巨大物體，於是決定第二天上山看看。但因八日下雨，未能成行。

六月九日周穎帶領三十多人，帶著七倍望遠鏡、答錄機、照相機等，由孟照國帶路前往鳳凰山。在距白色物體著陸點十多公里處大家用望遠鏡尋找，沒有看到東西。

孟照國接過望遠鏡搜尋，突然說聲「過來了」，語音剛落便向前撲倒昏厥過去，雙手及嘴巴都是野草。眾人掐其人中穴後，他有呼吸後仍處於嚴重抽搐狀態，大家把他抬進一個工棚時，竟突然倒立，將棚蓋蹬個洞，雙腳伸出棚頂。後來一部分人將孟照國抬回林場，另一部分人跟著也曾看過巨大白色物的少年馮少波繼續前往，但已找不到白色物體了。

一個紅色的印記

林場醫生林輝說：「當天將孟抬回林場後，最明顯的症狀是兩眼發直、怕光、又怕鐵器，對他施行檢查時，聽診器觸及身體、或有鐵器接近，就會驚覺的大力用手劃開。用手向其眼睛揮動，卻不見眼睛翻動。檢查發現血壓、脈搏、呼吸都正常，但神經系統反應遲鈍。」

孟照國抽搐緩解後，口中不斷重複著su chu su chu……，因不能正常說話，醫生用筆引導其寫出感覺，以便判斷病因，但孟接筆後反覆卻寫出幽浮字母，他以前是不識英文的，大家都很感奇怪。

到了下午兩點多，孟能稍微邁步走路，遂被送回家中，孟的妻子姜玲和醫生均表示孟以往沒有任何病史。第二天早晨能吃飯、說話，全身脫了一層皮，無記憶，對當日發生的事一概不知，只認為自己感冒兩天。

其他現場人員說，六月九日後，孟照國右大腿膝蓋上方約十公分處出現一個長一五公分的弧形，類似剛手術長好尚有紅肉和白痕的隆起疤痕。

採訪人員用手去捏，內部好像有四、五個似火柴頭大小的顆粒，捏時很痛。另外右小腹部原有一個小時候被樹枝劃過的一公分長口子，發病後竟變

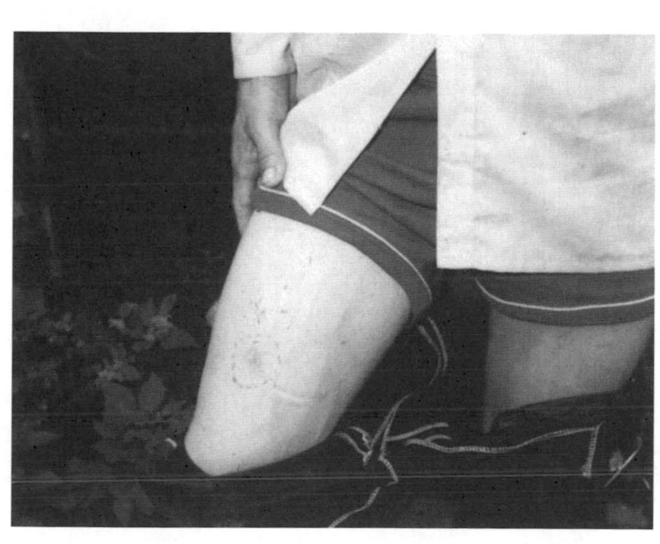

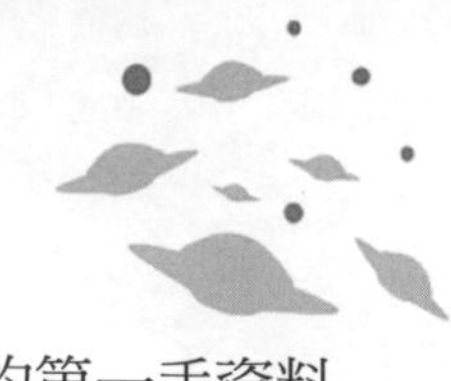

成長五公分的弧形白色隆起疤痕。這兩處都在當時像火烤般的疼痛。

而在孟照國的額頭兩眉中央上方也出現一個紅色的印記，用他自己的話說：「跟我看到的怪物一樣，主體在兩眉正中，尾部搭在右眉上。」這個印記數日後慢慢變淺，記者在一六日採訪時仍在。

到了一六日，開始恢復記憶，想起自己曾看到不明物體，並對來訪者畫出所見形狀，但是記者遞給他帶有鐵帽的鋼筆時，像被電擊一樣，突然縮手並急抖，不能進行下去，只得改用粉筆在地上畫，或用黏土做出模型。

記者提出要對這三處印記拍照，孟同意，但閃光燈閃過後，孟的腿開始抖動，第二次閃過後，雙腿更加抖動，但神志清醒，不斷的說：「我不怕閃光燈，我照過相。」因雙腿不自主抖動，無法行走。

現場再探訪

六月三十日清晨四點多，由林場工會主席周穎和孟照國、李洪海、姜士傑等七位經歷此事者，陪同記者上山，隨身帶著對講機，相約每逢整點就聯絡。

途中經過孟照國被擊昏的地方，以及被他蹬破的工棚，但孟都不記得此事。他說這些天大家都在講發生在他身上的怪事，把他也搞糊塗了，他只記得和李洪海看過白色物體，

在他記憶中那是十年前的事了，可是大家都說是這些天發生的，所以他也很好奇，想跟大家走一趟。

在樹草及岩石間爬了六個多小時，大家已遍體鱗傷，又被一些不知名小蟲咬得到處出血，只好邊走邊休息。而當孟照國和李洪海指著前方一片岩石說，這就是巨大白色物著陸點，疲憊的一群人精神就來了，陪同來的工友也都說在對面山上看到的物體就停在這裡。

此時大家都希望有所發現，最好是幽浮能留下紀念品。當一群人來到這片岩石上時，驚喜的發現那一大片發黃的岩石帶上的石頭大量的被外力撞碎，查看石頭的碎痕果然是新痕，這些石頭都很堅硬，可見外力一定很大，這條有新碎痕的岩石帶約十米寬，大家便順著岩石帶由上往下仔細查看，一直到這片岩石底邊，發現有一大塊石頭好像從上面往下滾落的痕跡，這塊石頭也已摔碎。

大家都確信這一大片的石頭不會是人力撞碎的，而且二十立方米大的石頭也不是人力能推動的，這片岩石區到底是誰光臨過呢？

孟照國和李洪海再次詳細講述不明物體的形狀，以及停在這片岩石上的具體方位、朝向、姿勢等。

一行人帶著疑惑開始下山，傍晚六點多等到專程來接的森林小火車，林場的兩位場長也親自上山來接，看得出所有人都以濃厚的興趣和好奇心關心著發生在只有一千多人口的

林場大事。

晚間大家提議合影留念，星夜中閃光燈剛過，站在一旁沒參加合影的孟照國的腿又不自主抖動，拿相機的人沒注意到，接著又閃光照第二張時，孟照國便仰身倒地全身抽搐，繼而雙腿亂蹬，五、六個人按不住他，大家折騰得渾身是汗。

UFO研究會的調查

七月一九日至二五日，北京UFO研究會第一屆副理事長張茜蕘和上海UFO研究會理事包衛東兩人前往山河屯林業局、紅旗林場、白色物體停留處、孟照國被擊傷地點及家裡，做進一步調查訪談。

此次主要訪談調查對象包括山河屯林業局黨委宣傳部幹事闞洪聲、紅旗林場工會主席周穎、紅旗林場衛生所所長林輝、李洪海、近距離目擊者佟忠偉、宋X江、戴XX、孟照國等人。

根據張、包兩人的報告指出，調查對象基本情況如下：平均年齡三十歲，文化水準較低（小學及初中），人品較可靠（質樸、誠實、熱情、受社會性因素干擾較少），但他們也考慮到可能受到的影響包括看過電視上的幽浮介紹、彗星撞木星的天文消息等，是否會有若干影響。

和他們同行的還有受中國科學技術委員會高新技術研究所委派的黑龍江省科學技術委員會葉副主任、哈爾濱工業大學陳功富教授。

整個調查過程均以錄影機拍錄，所得的內容和前述相同，兩位調查者的結論是：①無直接證據；②調查對象可信度大；③尚有調查的後續工作沒完成；④請專業人員鑒別錄影。

在一九九四年八月一八日北京幽浮亞太區學術研討會中，張茜蕙先生將此次調查經過做了口頭詳細報告，並放映錄影帶，激起海內外參加學者的熱烈討論與辯論。

這是廿四年前的事了（當時我

作者（台上右三）出席北京 UFO 會議

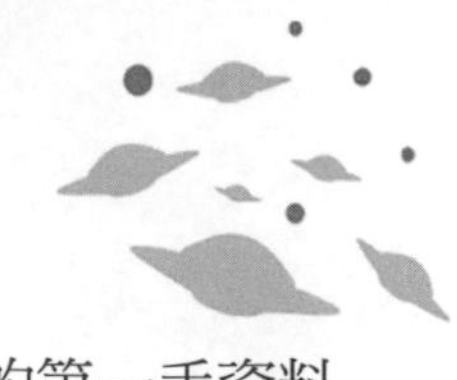

才四六歲），在會場上我與中國ＵＦＯ研究者們共同討論此案例。

與女外星人的性接觸

八月三日，哈爾濱工業大學教授陳功富和一名攝影師侯京橋親自到林場，對相關人員二十多人進行五天的調查、訪問、記錄、錄音、錄影和照相。發現了一些前所未有的新資料。

陳功富利用我在北京開會的晚上時間，和幾位北京學者到我的房間來，出示訪問時所拍的照片，並另補充說明不少調查所得。

陳功富說，在調查的錄音錄影過程中，發現孟照國對七月一曰在哈爾濱拍到的飛碟照片和陳教授帶去的幽浮書十分敏感、恐懼，並且產生和被擊昏時相同的抽搐反應，雙眼不自主的快速打轉，這是一般人無法做到的，並打出手語、有懼鐵、懼閃光燈等反應，歷時約半小時後恢復正常。

孟照國說：「六月九日我用望遠鏡看到不明物體和外星人，也看到外星人拿一個小玩意對著我，於是就被外星人擊倒。」他感覺到此時身長有三米多的女外星人乘機來到孟身邊，並對孟施行了手術，在右腿內埋入探測裝置，大小像綠豆粒兩粒，使孟失去記憶，並兩次與孟發生性關係。

兩天後孟醒來，但意識呆滯遲鈍，失去以往的活潑性格，這期間又來過男外星人與女外星人。

七月十六日外星人夜裡再次光臨孟照國的家，將孟以「奇門遁甲」的方式從牆中穿過帶走，參觀了飛碟基地的壯觀景色，並進入飛碟內部，觀看外星人的天宮運行圖。當時沒有看到和他發生性關係的女外星人，於是問男外星人，便叫女外星人出來見面。

另外還有大頭大眼的特殊外星人，並得知外星人來地球的目的和歸程時間。在此時，外星人取走前次埋在大腿上的豆形探測器。然後將孟送回家中院裡，由於只穿短褲而凍得發抖，叫門後其妻開門接回。

這些都是孟事後清醒時的回憶描述。孟的妻子姜玲也說，當晚睡覺時是在屋裡，半夜被叫門聲吵醒，怎麼也想不到在門外發凍的會是孟照國，她也感到很奇怪。

男女外星人的聲調

陳功富教授補充說明，據孟照國說，外星人之間的對話音調像老鼠般的吱吱聲，不同的是男外星人之間聲音低鼾，女人聲音尖細。就其聲波頻率言，一定是在地球人的聲波頻率之外，所以其他人聽不到。

而孟照國被擊倒時，在恐懼和掙扎中，女外星人通過意念和一個香煙盒狀的小儀器在

孟腦前一劃，孟就平靜了，一下子感到進入另一個世界，大腦一片空白。

孟照國表示他對外星人的所作所為看得很真切，同時也對同事和醫生的所作所為看得真切，心裡明白，只是說不出話來，這是孟事後的回憶講述。

對於陳功富的事後調查，得到記者採訪孟照國時未講出的一些細節，也就是孟被擊昏後，似乎事件分兩條路線在發展，一條是周遭人士未見到外星人，只是搶救孟。另一條路線是孟照國很清楚的和外星人進行第三類接觸。

因此，我當時便仔細的問陳功富查訪過程有沒有針對這一點做深入調查。因為若事件屬實則表示外星人可以是隱形的，也就是說他們不一定要生活在地球人的可見光頻率中。這一點也是我多年提倡的理論。

因為我們的肉眼可見光只占電磁波譜中的極小部分而已（〇・四至〇・七埃），紅內線和紫外線以外的電磁波範圍要大很多，也就是說肉眼看不到的世界要比看得到的廣大太多太多了，因此隱形外星人是存在的，「隱形」兩字只表示地球人肉眼看不到而已，並非對方不存在。

一定有不少人都抱持「給我親眼看到或親耳聽到，我才相信」的心態，表面上看起來很科學，事實上最不科學。

舉簡單的例子，人耳聽不到超音波，但醫院卻用超音波來照胎兒、照肝臟、照腎臟；

人耳聽不到電波，空中卻充滿各電臺、電視臺的電波；肉眼看不到樹後躲的人，軍用夜視鏡就可以看出來……

所以，不要以小小地球上的標準來衡量宇宙，那是井底之蛙，也是夜郎自大。

地球人注意了

十二月二八日，包括兩位特異功能人、兩位大學教授、兩位幽浮研究人士在內的六位大陸高級知識份子，在北京ＵＦＯ研究會某位常務理事家中，進行了長達二十小時的研討，以及和外星人溝通的實驗。

果然和這一批隱形外星人聯絡上，有兩位ＥＴ來到該處，據看到的兩位特異功能人所說，一位是身高三米的巨人，另一位是身高一．二米的小矮人，都是黑龍江鳳凰山事件的外星人。

為了具體表達外星人的存在和傳遞的資訊，特異功能人和他們溝通，希望外星人能將思維透過在場任何一人口中說出。

於是大家安靜坐著，等待事情發生，不久這位常務理事得到感應，連續不斷的資訊灌入她的腦中，於是不自覺的開口說話，首先把在場每一個人家中情景、每人的身體狀況說了一遍，完全正確，讓在場所有人士驚訝不已，因為這位被外星人「傳輸思想」的女士並

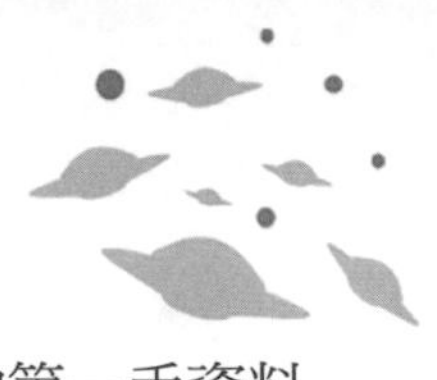

未到過其他人的家裡，也不知道各人的身體狀況。

第二天這位女士從北京打電話到台灣給我，說她好累，昨晚被外星人傳遞資訊達一個多小時，在場的人都得到第一手資料；在電話中，她提供了一些可以公佈的資訊如下：

「地球人要努力解決空氣污染、環境保護、核子武器三大問題，地球上的空氣、水、樹木，各種可用資源都已發生問題了，不解決的話會走向滅亡，而核子武器問題最嚴重，會影響到宇宙生靈……目前地球人有九八%的人將是非顛倒，不知正確觀念，且自大自私，充滿暴力心態，實在不好……我們來地球要尋找合適的人傳達資訊，但是人選不好找，農民水準低無法充分表達意念，科學家的三維科學觀念無法接受，有特異功能的人認為那是他自己得到或修來的能力，我們要找不誇張有水準且能傳達我們意念的人……

「我們生活在另一種時空，空氣、水、溫度、環境等等，一切和你們的不同，所以地球人和我們接觸會難受，只能用意念傳遞、資訊接觸的方式進行……用平常心來體會我們，每天體會，就會有成……你們地球上今年天災人禍會很多，三到五年間會有較大變化，十五年後會有大變化……（事後我驗證：一九九七 - 八年金融風暴。二〇〇九——一〇年，美國總統歐巴馬表示美軍將於二〇一〇年八月底前撤離伊拉克；八月日本舉行大選，民主黨勝選，結束保守派長期執政局面，這也是日本政界大事。）

「你們普及飛碟外星人知識的工作很好，要讓地球上人人都瞭解且意識到我們的存在，二十一世紀必然是這方面的新時機，你們要團結更多人，傳達良性資訊……」

外星人的戲未散

從一九九四年十二月二八日起，這位被外星人傳輸思想的女士，就經常收到資訊，沒幾天就遠從北京打電話給我，將得到的資訊告訴我，裡面全是很精彩寶貴的資訊，但有些內容涉及較高層次，實在不宜公開。

一九九五年一月九日晚上，這位女士的女兒在九點半左右就很想睡覺，但卻「感覺」到不能睡，便在客廳一共五人一起看電視，到了十時四十分，這位小妹妹不知怎麼回事，只感覺要轉過頭看窗外，就將眼光移向窗子，大家看到她轉頭看窗子，也都望向窗外。

就在一秒鐘後，看到一個圓球形上半發紅光下半發黃光的物體從五層樓高度的空中飛過。五個人全看到了，大家都衝向窗子，探頭出去，希望能再看到此物體，但已不知去向。

第二天這位女士用電話告訴我這件事，並一直強調會不會是汽車燈光，不希望一廂情願的就認為是不明發光體，但是汽車燈光是擴散式照出去，不是一團，也不會在五層樓高的地方橫飛過去。

她也告訴我，北京ＵＦＯ研究會將在四、五月間再去紅旗林場做最後一道測謊試驗，黑龍江鳳凰山事件是有史以來中國大陸動員最多人力去調查的第三類接觸事件，外星人的

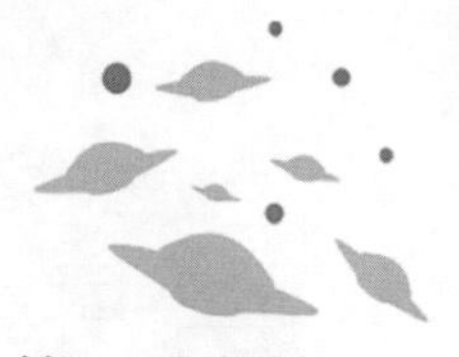

資訊迄今一直餘波蕩漾，仍未結束。

當然，地球上有人類，宇宙中其它星球也有人類，都是很正常的事，不能因為地球人沒有發現他們，就否認他們的存在。就好比台灣有螞蟻，但是它們不知日本也有螞蟻，也無法證明別的地方也有螞蟻，螞蟻族就宣稱它們是地球上唯一的，這不是非常好笑嗎？

地球人與外星人之間隨時都可能發生一些事情，我們知道往後的日子仍會有其他的接觸，只是遺憾為什麼不發生在台灣？

二、日本第一樁外星人事件

一九七四年，日本一位農村青年藤原由浩在北海道遇上外星人，從此，他隨時會接收到外星資訊。

一九八六年八月三十一日，我到東京參加一項幽浮會議，日本作家及宇宙考古研究家高阪勝己和兩位留日學生到機場接我，還有另一位年約四十歲的陌生日本人，高阪介紹他名叫藤原由浩。這位日本人不會英語，所以當時我也沒和他多談。在下榻的旅館中，高阪認真的對我說藤原由浩以前住在北海道東北部的北見市時，是「曰本第一位搭乘飛碟的第三類接觸者」，一九七四年時轟動了全日本！

我一聽，不得了，是一九七四年，也正是我開始翻

特稿

超凡之旅

日本的研究現況

呂應鐘先生日前赴日本拜訪了當地九個著名UFO及超科學團體，領教到他們的研究精神。因此深深悟出戰後四十年，日本從一個戰敗國躍昇強國的原因。本文忠實地報導此次訪問途中若干見聞；看來似乎超過常理，但是，事實擺在眼前，信不信由你！

文／呂應鐘

譯不明飛行物書籍的時候，日本就有了第三類接觸，立即覺得這很重要。

高阪又說：「你是台灣幽浮權威，我才特地找藤原君來東京和你認識。」

我拿出地圖，他們指出北見市的位置，北見市到東京的飛機行程是臺北到高雄的三倍遠，比臺北到馬尼拉還遠，為了我，藤原特地跑一趟，此種人情如何承受？

我只有很感激的對藤原說：「阿里卡多。」於是我們認真的進入話題，而且，推翻了原定的全部會程，將兩天的會程併在一天，立即決定第三天飛到北海道去，其他人士統統安排數日後回到東京以後再見面。

這是一件難得的日本紀錄，而且是官方也承認的，除電視、電臺、報紙、雜誌都有一連串的報導外，當時也有數本書出版來專談此事。如此的豐盛人情、如此的真實紀錄，等不得第三天了，我們五人就在我房間的榻榻米上，開始時光倒流……

不尋常的接觸

一九七四年四月六日。當時二八歲的藤原由浩是一位農家少年，質樸且拙，也沒有見過多少世面。住在北海道東邊的北見市仁頃町。清晨三點多，他在睡夢中被院子裡的狗吠聲吵醒，便起床開門，心裡一邊嘀咕：「這時候會有誰來？」

沒想到，踏上門前草地，就看到左前方好像有什麼東西站著，仔細一看，是個高約一公尺全身發光的怪人，頭很大，雙眼會放出光來，那怪人伸著雙手，有一股怪臭味。

藤原嚇住了，不敢出聲，也不敢移動。那怪人突然離開地面，好像飛行一般。藤原覺得有一股熱風吹來，自己的身體也有上浮感覺，而且正在離地飄浮，正在疑惑時，已來到屋前，碰到鐵管而掉下來。

藤原嚇得頭也不回的轉身就跑，一直跑到約有五十公尺遠的國道路上。一陣驚惶過去，沒看到怪人追過來，喘口氣後便慢慢走回家，到了家門口一看，通往屋側菜園的小路上，也站著一位發光怪人，藤原馬上停住腳步，正在思索要不要跑時，那怪人看到藤原，便對著藤原伸出雙手，在驚嚇中，藤原馬上雙腳離地被吸了過去。

抬頭一看，在約十五公尺高的空中，有一個圓盤狀物體盤旋在那裡。藤原被怪人吸進這個圓形物體之內，不禁

北海道飛碟降落地

採訪實錄

特約撰述／呂應鐘

●一九七四年四月六日，
二十八歲的農村青年藤原由浩三度
與外星人見面並搭乘飛碟，
成為轟動日本的事件。
●十二年後，
一九八六年九月二日，
台灣飛碟研究領導人呂應鐘先生親往
採訪，
攜回大批珍貴資料。

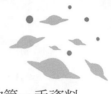

大叫：「放我回去，放我回去，為什麼要抓我？」飛碟內的怪人抓住藤原的雙腳，藤原極力掙扎，奮勇反抗，不經意碰觸到怪人的身體，有滑溜的感覺，用腳去踢，腳會陷入怪人的身子內，好像軟橡皮似的。

數日後，藤原由浩的父親也見過怪人，身高一公尺，半曲著腿，搖搖擺擺的走在小路上。藤原的母親也同樣看過怪人。

四月十三日，藤原由浩在北見市西南一三〇公里外的帶廣市火車站前方，突然接到某種感應資訊，要他到郊外某山坡上。於是他不由自主地來到那個山坡，在那裡他又再次遇到飛碟，並被帶進飛碟內，並且一齊起飛。

他很害怕，飛碟就在前方山坡降落，然後又起飛，到另一個山坡，最後，藤原被拋了下來。

突現的外星信息

我在初步瞭解藤原的遭遇後，問高阪：「是真的？」高阪很肯定的回答：「真的！」

我再問：「日本ＵＦＯ研究界前輩，如ＵＦＯ研究會會長荒井欣一、超科學會會長橋本健博士、ＰＳＩ科學會會長關英男博士等人，知不知道此事？」

高阪回答：「都知道。」

「好，」我沈思了一下：「有沒有進一步資料？」

高阪轉向藤原，說了一些話，只見藤原從包包裡拿出一張圖交給我，原來是他畫的飛碟內部圖。

我仔細看這張圖，它是個典型的飛碟形狀，內部分成兩層，和西方許多飛碟接觸者所畫的差不多。

於是我又問：「在這以前，藤原有沒有類似遭遇？」

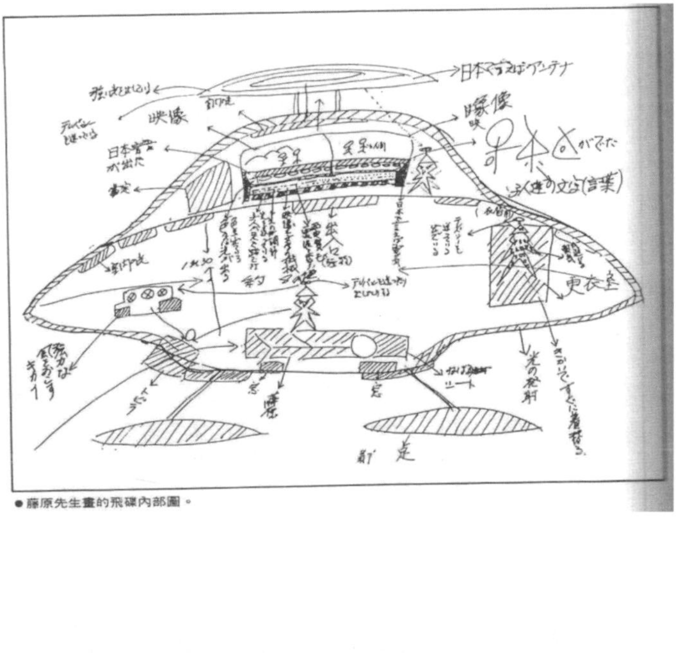

●藤原先生畫的飛碟內部圖。

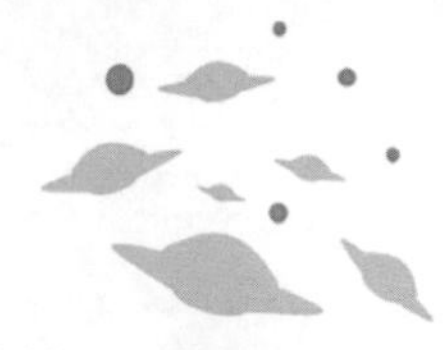

北海道飛碟出沒頻繁，此為目擊分佈圖。

去年（一九八六）八月卅一日，我因事來到東京。

在機場接我的除了二位留學生、一位老友（日本宇宙考古研究家高坂勝己）之外，還有一位陌生人。

經過老友的介紹，才知道他曾是十二年前轟動日本的第三類接觸男主角—藤原由浩—現年四十歲。

我原先不甚認為他有什麼重要。等來到下榻的飯店，經過高坂勝己的說明，才認真的思考會不會有新的資料可以蒐集。

等我弄清楚之後，才恍然驚覺，這將是一件重大事件。於是認真的進入話題，而且，推翻了既定的全部行程，臨時決定第三天飛到北海道去，其他人士統統安排在回到東京以後再見面。

因為，這一次我遇到日本UFO史上第一位搭乘飛碟的人士，他老遠從北海道來東京，並到機場見我，我怎能不抽時間親自到北海道走一趟！

於是，當晚就在我下榻的房間，徹夜溝通，除安排全新行程外，就是認真的了解這個事件。

十二年前被吸進飛碟

事情要回到一九七四年四月六日。

當時二十八歲的藤原由浩是一位農家青年，住在北海道東北的北見市仁頃町，這裏是個寒冷的地方。

「沒有，」藤原經翻譯後回答：「我是一名農村青年，根本不知道這些事情。」

此時已是晚上八點四八分，突然，藤原由浩頓了一下，半低著頭，再側著頭，好像在聽什麼似的，一會兒，只見他掏出筆來，我知道他想寫東西，便推一張紙過去。只見他在紙上迅速的寫了一些符號、線條、字形，我們當然看不懂，但我知道那是宇宙字，因為西方也有類似的報導，我對外星字形並不陌生。

藤原說：「我接到這樣的資訊，意思是：在這裡的各位地球朋友，晚上你們所談的話，我聽見了，而且也理解，祝福你們。」

我不禁問道：「外星人知道我們在這裡？」

「是的，而且可以隨時溝通。」

這使我想起一年前到東京，另一位知名通靈人士秋山真人在我到達的前一天，已經知道我會去，那是另一次元傳給他的資訊。

難道我的一舉一動，都在外星人的掌握之中？或者說，是外星人在操縱著我的行動？難道，我在台灣推廣幽浮的研究，也是外星人的安排？如果真是如此，那麼我是什麼角色？是有使命的地球人？要在地球人中傳播宇宙資訊，做個先知？一連串的問號在腦中打轉，便決定第二天到北海道去。

來到當年現場

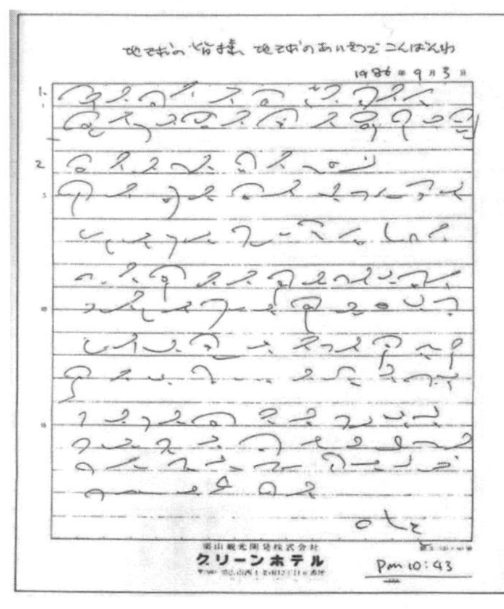

1986年9月3日

クリーンホテル

Pm 10:43

九月二日上午搭乘日本東亞航空，從東京往北飛，一個半小時後降落在北海道東南部

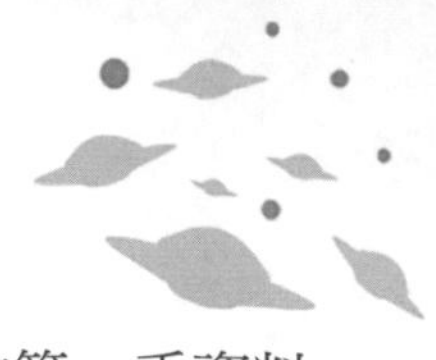

的帶廣機場。

藤原目前住在帶廣市，先到他家，再由他開車前往北見市。北海道地廣人稀，氣候冷冽，時值九月是清爽的初秋，沿途蒼翠樹木，在和煦陽光下顯得生氣盎然。三個半小時的車程，來到北見市，這是一個小市鎮，人口只有十多萬，它的緯度和中國大陸東北的長春市相當，也是我第一次來到如此高緯度的北國。

經過北見市區，往市郊開去，不久來到飛碟事件發生地仁頃。我的底片剛好用完了，要他們停在路口一家雜貨店買底片。沒想到，這家雜貨店老闆還記得藤原由浩，知道我是台灣來的客人之後，很熱心的邀我們一行進入客廳坐坐。

老闆岩田隆博夫婦很熱心的拿出珍藏十二年已發黃的資料給我看，其中有三種雜誌、報紙報導，還有一本當時出版的專家調查的事件始末書籍。看到這些書面資料，再不相信也得相信了。

看到岩田夫婦和藤原、高阪的開懷談話，我雖聽不懂日語，也沒開口，從他們四人的形態上，

卻能體會到外星人接觸事件在一二年前這個不起眼的小地方，卻是轟動得不得了的大事，經過一二年，當地人還珍藏著雜誌、報紙，也可想見他們內心的衝擊了。徵得岩田先生的同意，我將這些資料全部影印，它們太寶貴了。

下午三時多，來到當年藤原被飛碟帶著飛的山坡上，藤原由浩便這裡指指、那裡指指的說了開來。我和他走上高地，環顧四周，詳細詢問事件始末。藤原還在一個山溝間，表演當年被飛碟拋下，落在草地上，趴著昏過去的實況。高阪也興致高昂的詳細問著各種細節。

我站在高地上，仔細體會飛碟在此活動的情景，對我而言，此時彷彿感受到一股無法形容的舒暢，我默默不語，細細體會。一個小時後，我們下了山坡，來到藤原老家，和其父母、弟弟一起圍坐客廳中。

藤原清老先生已七十多歲了，一切農事都交給次子處理。藤原由浩的弟弟也很詳細的說明自從那件事情之

後，他家的農作物都比別家豐收，實在奇怪。最多時可達普通作物收穫量的六倍之多。他們很高興的表示，這都是外星人所賜。

藤原拿出家裡收藏的一大堆資料，包括照片、報紙報導、雜誌報導、書籍，以及他在一二年前看到的外星人手繪圖，回憶以前的事件，仍然顯得很興奮。

宇宙聯盟的資訊

晚上在北見一家小旅館裡，我們圍坐在桌前，藤原由浩道出許多前所未聞的，來自外星的傳訊。他表示：和他溝通的外星人來自「宇宙連合」，台灣稱為「宇宙聯盟」，這是宇宙間最高組織。當年他被帶進飛碟，在顯示幕上曾出現日文，說：「我們之所以來地球，是因地球要發生重大事情，從五年前開始（即一九六九年），我們就尋找可以溝通的地球人，你剛好能接收我們的心電感應，所以我們會經常來看你。」

從此以後藤原便時常「被溝通」，而在通資訊時，他可以用極快的速度不自主的寫下一大堆文字，藤原說：「我的左耳可以接收到資訊，我能接收各種問題並回答，但這些回答並不是我所想的，只是透過我表達而已。」

整個晚上，我直接透過藤原由浩這個溝通媒介，和外星人做第一手談話，在過程當中，藤原不斷的接收到資訊，一直快速寫出要回答我的話，當然，我們是看不懂外星文字的，仍得透過藤原念出來。

他說：「地球人應拋棄自私及私欲，對他人多付出愛心。幾年前外星人在地球上曾遭到槍擊，有死傷，他們很在意這些事。」

我問他：「什麼時候，外星人才會正式和地球人見面？」沒有立即回答，或許要看地球人的表現了。不久說：「要到你們的年代二〇二〇以後，要看地球人的機緣。」

我內心知道時候未到，確實要看地球人，不過我經常在冥冥中認為應該在二十一世紀。

我又問：「台灣會不會是降落地點？」

「台灣不包括在內，但宇宙聯盟仍在研究地點。」

因為和藤原見面的外星人是章魚狀的，於是我問：「外星人是章魚狀的嗎？到時候是不是也用這種形狀降落？」

「宇宙聯盟的人會來地球，但因形體不同，怕引起恐慌，會變形成地球人的模樣。」

這個回答讓我極為滿意，因為我研究多年生命的意義，認為生命絕對不一定要是地球人模樣，而且，生命是可以因應星球環境的不同而改變形體的，只是我們目前的科學做不到。

我又問：「宇宙人和神佛菩薩有什麼關係？」

「如果以負一百到正一百來表示等級，地球人的水準是負一百，宇宙聯盟最高組織是正一百，他們是全智全能者，可以用肉體存在，也可以是透明的。耶穌屬於正〇．一級，知名的遇到過金星人的美國人亞當斯基是正〇．八級，一般的神佛約在正七十級。事實上，這樣的比喻並不恰當，這是為了給地球人方便，因為宇宙聯盟包括很多星球，大家一心同體，無須分等級，共同的目的是求和平。」

藤原在講這一段的時候，一邊劃著表示等級的線條，一邊解說。這個資訊在我看來實在太重要了，因為它完整的表達出宇宙生命的層次。地球人平均是負一百級，也實在太低級了，如果說耶穌是正〇．一級，表示他是超凡的地球人。

我問：「來過地球的耶和華多少級？」

「正十級，事實上他們不是頂高級的外星人。」

我說：「真是這樣的話，地球上的宗教統統要改觀了。」

「沒錯，現在的宗教全已變質，也失去原始的意義。要當心，不要被宗教團體利用了。」

我說：「希望宇宙聯盟協助我，讓更多台灣人民能相信飛碟。」

「地球人要努力，你要多多做演講。宇宙聯盟一直想救多一點地球人，但始終只有少數人相信。」

我問道：「會有多少人被救？方式如何？」

「和諾亞方舟的意義是相同的。」

說到諾亞方舟，我緊接著問有關聖經的一些記載。

他說：「舊約所記的，其實是一批很早以前，宇宙聯盟中一個行星的人來到地球所做的事，因為在那個早期時代，當時的外星人沒有那麼寬宏，他們是好人沒錯，但也只選擇性的救一些地球上的好人，不可能全地球人都救的。而現在，宇宙聯盟更寬宏了，想救所有的地球人。現代宇宙人和古代不同，更進步、更自由、更和平。」

我問：「地球會不會毀滅？」

「不會，古代地球末日的計畫已更改了，舊約時代來地球的外星人確實是來執行計畫的，但那已成為過去，新的計畫已開始了。全地球將來都會加入宇宙聯盟，有光明的未來，文明也會高度成長，而且外星人會大量登陸地球，最重要的是，宇宙人歡迎地球人，時時給地球人機會，但是地球人自己常失去機會。重要的是，日子來臨時，不要逃跑。」

暗中考外星人

我在一九七五年出版的第一本譯書《地球文明的預言》，就是和聖經有關，因此我對聖經極深入，後來又譯一本《上帝駕駛飛碟》，更加深我對聖經真相的看法，多年來一直

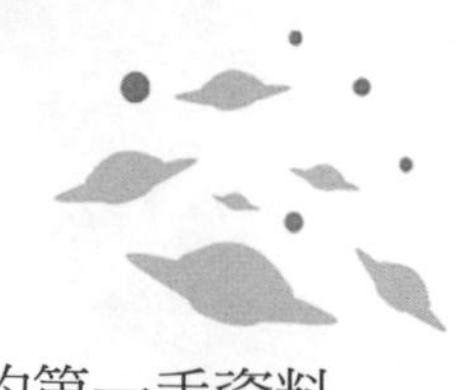

認為聖經被宗教團體扭曲且隱蔽起來，想不到今天在北海道聽到第一手外星資訊，談到聖經，便問：「聖經的可信度如何？」

「宇宙聯盟才有真正的聖經，當初被稱為耶和華的那批人應用了真本的百分之八十，加上自己百分之二十的看法，來到地球後，流傳到現在，沒有多少真實成分了，因為經過君王和教會的修改，將他們認為不好的地方刪除，演變出現在的聖經，其實被刪去的部分才是真實的部分。」

我問這麼多有關聖經的事，其實有點在「考」藤原，因為我要證實這些話不是他這樣一位農村出身的人所能講的。想想看，地球上只有兩種人，一種是信聖經的，另一種是不信聖經的。如果是一位信聖經的教徒，絕對不會說出這麼多有瀆聖經的話。任何教會裡面，牧師說的話只有「信」就是了，那容得人們如此的討論？

然而，現代的知識份子就這樣的滿足於傳教人士的話語，而不會深入思考嗎？多年來我遇到不少教徒和我討論此事，雖然他們的家庭都有其宗教信仰，但他們都不滿足教會人士所言。所以，可以證明藤原不是一位信上帝的人。而在台灣，信上帝的人也沒有此種能耐和我談聖經的。

另一種，就是不信聖經的。我認為，一般不信聖經的人，像是信佛教通道教的人，根本不大會去看聖經，甚至一輩子也不會去摸它。除非是研究宗教的學者才會去看聖經，而這位藤原，一副拙朴的農人樣，說他是聖經研究者，實在太高抬他了。

因此，我暗中用這個方法來「考」藤原，其實是在「考外星人」，結論是：我提的這些問題，一般台灣人也不可能如此快速回答，但是他都能一邊畫外星文字，一邊不假思索的說出答案。因此，只有相信是外星人透過他傳達的。當然我也知道，外星人一定也洞悉我是在「考他們」，因為我問的若干問題事實上自己已經知道答案了，我只是要從外星人得到第一手回答而已。

我們是負一〇〇等的低等人類

我們談到深夜兩點多，可以說這是一次極寶貴的外星資訊接收歷程。

這樁日本第一次外星人接觸事件，從到達雜貨店起，就可以體會可信度百分之百，再加上一大堆當年的報導資料及書籍，以及日本數位頂尖幽浮研究前輩的證明，我有幸能和當年的主角見面，或許也是外星人冥冥中的安排吧！

「宇宙聯盟」所傳遞的資訊值得地球人深思，雖然我們無法用任何方法證明宇宙聯盟的存在，但是別忘了，宇宙間的事物並不需要地球人來證明它的存在，才表示它真的存在。

想想，在地球還沒有人類的時候，太陽、月球、各行星、各恒星早就存在了。恐龍雄

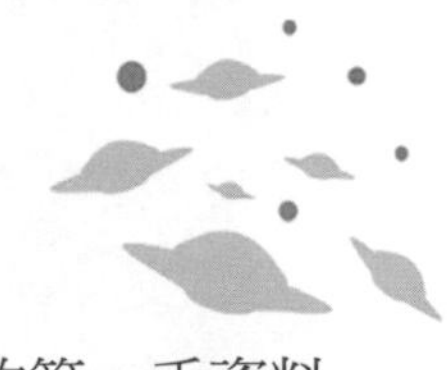

霸地球的時候，人類還沒有影子哩，因此，任何人沒有說「證明給我看」的權利！

我絕對相信宇宙中高層次的生命一直在關心著低層次的生命，而且，高層次的生命也影響著低層次生命的進步。

從地球上古史及考古遺跡中，我們得到太多歷史學家考古學家、科學家無法說明的文明產物，但是，遺憾的是這些學者只願把自己關在象牙塔內找一大堆牽強的理由來解說，卻不願承認外星文明在地球上的事實。

我對藤原（事實上是對外星人）表示我的看法，得到的回答是：「地球人要改進的地方太多了。」

的確，地球人不是宇宙中唯一的，也不是最高等的，對宇宙聯盟來說地球人是負一〇〇等的低等人類，但是有太多地球人自稱自己是萬物之靈，認為自己很了不起。

在返回東京的飛機上，我對高阪說：「不知道台灣讀者看了這一篇報導後，是會自我謙虛的深思？或是罵我怪力亂神？」

不過我相信，會自我反省的人，才是外星人要救的地球人。聖經不是說人要悔改才會得救嗎？如果我是外星人，我也懶得去救那些自私自大的地球人，不是嗎？

（附：日本古書《竹取物語》的「天仙乘雲從天而降」的故事，應是日本最古老的幽浮事件）

天仙乘雲從天而降

15日晚上，天皇派了2000人到老翁家，安排其中1000人守在土牆上，剩下的1000人守在屋子上。老嫗在倉庫中抱著輝夜姬，老翁則守在倉庫門口。

聽到大家互相打氣：「這樣將萬無一失。」輝夜姬卻說：「沒有人能夠抵擋月宮天仙。凡人無法用弓箭射傷他們，房門縱使上了鎖，他們一來，門也會自動打開。」

輝夜姬爲惜別而感傷；老翁倒是精神百倍，一心想將月宮天仙打得落花流水。

這樣過了向晚，到了深夜，老翁家附近變得比白天還亮，連別人臉上的毛孔都看得一清二楚。有人乘雲從天而降，他們並列在離地5尺(1尺約相當於30公分)處。

看到這個景象，不管留守家中或防守在外的人全都失去戰意，他們雙手無力，射出去的箭無法瞄準。

空中天仙穿著清爽美麗的衣裳，還帶來一輛飛天車。有位看起來像天仙之王者一喊：「老翁，請出來！」老翁便彷彿喝醉酒般跪倒在地。

仙王說：「輝夜姬在月宮犯了過錯，暫時被貶到凡間。現在她的罪已經抵完，我們來接她回去。您儘管難過，還是不得抗拒與她分離，請趕快將她交出來。」

老翁向仙王稟告難以交出輝夜姬的理由；仙王不聽，他才說：「輝夜姬，快出來！」倉庫的門即應聲開啓，輝夜姬也從老嫗手中鬆脫。

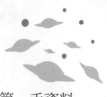

三、河北的外星人帶人遨遊事件

河北省肥鄉縣曾發生一件轟動的外星人帶人遨遊神州的事件，該縣ＵＦＯ研究會曾深入調查，並從而揭知了不少前所未聞的消息，值得地球人思考！

事件要從一九九四年八月一八日談起，當時我出席在北京市郊一處風景區舉行的《九四年亞太地區ＵＦＯ資料展暨學術研討會》，第二天中午飯後，一個人信步往後山涼亭走去，想乘個涼看看風景，休息一下。

後面跟來一個人，叫我：「呂先生！」

我回頭一看，原來是河北省肥鄉ＵＦＯ研究會出席代表冀建民。我在九三年七月主編《大幽浮：第一本大陸幽浮文集》時，就收錄了他一篇〈超人帶他去遨遊〉的文章，描寫當地發生的外星人事件，而且此事還經過當地中共縣委宣傳部實地調查，是近年大陸最具神奇色彩的一次不明事物案例。

我停下腳步問他：「什麼事？」

他說：「有些事跟呂先生說說。」

於是，展開了只有我和他知道的一些有關外星人的內容，由於極為可貴，我告訴他：「我回台灣後，你隨時可以將新發展寫下來，寄給我，我會加以整理，將可以公開的部分找個適當雜誌發表。」

此後一年來，幾乎每個月就收到冀建民的厚厚來信。

隨心所欲呼喚飛碟

亞太ＵＦＯ會中，冀建民帶去的論文是《破天荒，星地文明聯絡首次大合作：關於意念呼喚飛碟試驗的報告》，說的是九三年一二月至九四年七月間呼喚飛碟的情形，由於有四個飛碟給了他積極的配合，成功率很高，每月最少十日，每日飛碟往返飛過五至十次，有幸成為中國觀察飛碟次數最多的人。但很可惜，由於內容太稀奇了，大會沒有排上發表。

冀建民對我說：「我現在已和飛碟達成協議，隨時呼喚隨時會出現，幾日不呼喚，它們也會不甘寂寞，見到我一出門，它們就出現在天上。由於飛得高，看上去約十公分大小，用相機拍過幾次，不成功，給人的感覺好像證據不足，不過全縣民眾都見過此奇景的。」

一九九五年五月八日來信說：「前幾天拍了幾幅飛行物照片，初拍，沒有經驗，好在飛行物配合，重覆飛過幾次，直到拍成為止。目前天空還不夠蔚藍，和銀白色飛行物反差不大，顯得不夠淸楚，這次拍的是在下午五、六點，地點縣城附近。這次借遠鏡頭相機，光圈八，速度六十分之一。只是現在飛碟還不肯超低空飛行，以後能否降落實難預料，我

為此傷透腦筋。」

他將六張照片寄給我，其中三至五張最清楚，尤其是第三張，放大後的確可以看出飛碟輪廓，此種用意念可以隨心的呼喚飛碟成功事例，在世界上也是少見的，相當珍貴。希望我下次能親自到肥鄉，帶高倍鏡頭，請冀建民呼喚飛碟，並用意念告訴飛碟內的外星人台灣的呂應鐘來了，請他們飛慢一點、飛低一點。我相信外星人一定知道我是誰！

一次神奇的突圍戰

冀建民給我一篇已發表的文章，題目是〈談一次神奇的突圍戰〉，並說：「肥鄉UFO愛好者朱好義的父親，當時突圍時是一名班長，前幾年病故，我和朱在八九年訪問了副班長馮秀邦，他是肥鄉田寨村人。」並表示，這個神奇事件和當年國軍有關。

一九四三年夏天，國共合作期間，中國國民革命軍抗日部隊三八六旅第一六團在山西境內的黑岔山一帶對日作戰，打過幾次勝仗之後，駐在當地群山環抱的一個村莊裡休整。這天上午九點許，陽光燦爛，萬里無雲，團部首長們去師部開會還沒有回來，戰士們有的在吃飯，有的在整理槍枝彈藥。

這時哨兵忽報：「敵人來了。」只見村後已濃煙滾滾，火苗舔空，一些日軍已進村點火燒房子，戰士們迅速衝出，準備戰鬥。此時四周只有一箭之遙的梁山，數以萬計的日軍和閻錫山的部隊已居高臨下，將這個村莊和全團層層包圍，並衝了下來。

面對數十倍軍力的日軍，硬拚將會全團覆沒，突圍已不可能，在此危難時刻，整個戰場突然變成了黑夜，伸手不見五指。黑暗中戰士們在當地群眾和國軍指揮官帶領下，攜手試圖突圍，走了一會兒，聽見前面傳來大車轉動聲和吆喝聲，知是日軍的炮隊，估計到山坡了，日軍正在眼前，大家屏息靜氣，小心翼翼地挪動腳步，穿過層層日軍，越上了梁山。

黑暗中戰士們憑著對地形的記憶，摸索了五、六個小時，終於衝出重圍，所有連隊都從不同的方向陸續全部脫險。這時，天空忽然亮了起來，又是晴空萬里，已是下午三時左右，此時我軍增援部隊已到，據他們說戰場以外地方並未出現黑夜情形。而且這也不是日蝕現象，因為日全蝕不可能只有小小一個地方變黑夜，而是地球上很大片地區。

冀建民表示，據外星人的資訊，這是由於該部隊沒有聽從國民革命軍的正確指導，才陷入重圍的，而是UFO掩護中國軍隊脫險。可惜當時國軍沒有幽浮概念，以為是共軍被「上天」協助，對此感到困惑而南退，當退出大陸才醒悟到幽浮協助的是國軍，可惜局勢已不對了。

一九七七是巧合嗎？

冀建民說，一些飛碟事件都有其因，像一九七七年外星人讓卡特還在當州長時見到飛

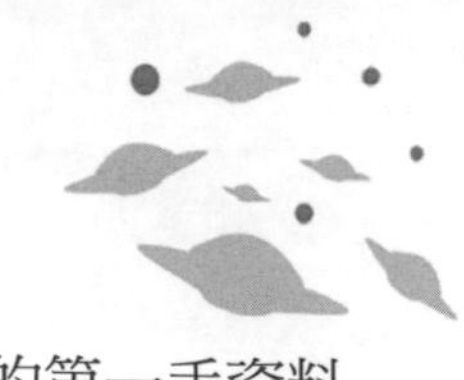

碟，一是希望人類開展對幽浮的認識，二是希望人類停止核子試驗，以避免無謂的核大戰。同年四月發生智利士兵隱沒失蹤案；同年六月在中國大陸發生外星人帶小黃遨遊事件；七八年二月聯合國大會通過決議，號召全人類共同研究幽浮；七九年幽浮概念傳入中國；八〇年在蘭州創刊《飛碟探索》雜誌……這些巧合是否可以說一九七七年是幽浮史上劃時代意義之年？

當他提到「一九七七年」，我心裡算了一下，沒錯，我也是在當年自費創辦《宇宙科學》雜誌的，也是台灣出版史上第一本以探討幽浮為主題的雜誌，而且當年十二月上中國電視公司《蓬萊仙島》節目談飛碟，這也是台灣電視上談飛碟的創舉，全在一九七七！一九七七，是巧合或是有意義？我們不清楚，也許要等外星人的揭示吧！

他又說：「中國當官的沒見過外星人，缺乏這方面的基本概念。若有外星文明的一、二次協助，將超過我們自己多年的努力。」

我笑笑：「台灣當官的也一樣。」

回想一九八二年向內政部申請成立不明飛行物研究會時，就被當官的否決掉。後來，才設在中國青年航空研習會之下一個團體會員，開始運作推廣，由於日後的社團開放設立，在一九九二年六月，正式向內政部申請成立「中華飛碟學研究會」成功，成為台灣第一個幽浮學術社團。

一封誤發的加急電報

底下就是冀建民重新為本文寫的內容，由於原稿字數達一萬多字，只有將最精采的部分摘取出來。事情要從一九七七年夏季談起。

從肥鄉縣城出發，沿著三〇九國道往東九公里，再往北九公里有個普通的村莊北高村，新修的一條地方小型鐵路從村頭斜穿而過，交通還算方便。麥子收成已過，夏秋作物一望無際，田野又是青紗帳。多少年來這裡的人們日出而耕日落而息，沒有什麼轟轟烈烈的事情。

那年的七月二七曰（農曆六月十二）村裡發生了一件奇怪的事情，使這個一向和睦寧靜的村莊籠罩著一種驚慌氣氛。

村東頭青年村民黃延河領了結婚證書，蓋了新房，很快就要成家，卻在那天夜晚睡覺時突然失蹤，人們四處尋找已經七、八天了仍然杳無音訊。當時黃延河才二十歲，初中文化程度，老實憨厚。眾多村民為之不安，他母親和未婚妻更是深為憂慮。

這件事傳到了附近的辛寨村，該村派人將一封過時的加急電報送給了北高村村委會，說七月二八日上午辛寨村接到這份急電，但本村查無此人，因此一直在辛寨村滯留了十多天，疑是北高村的失蹤者，故將電報送來。

電文如下：「辛寨黃延河廿八日一早在上海蒙自路收容站收留望認領。」

看著這份急電，人們心裡迷惑不解，上海收容站發報的時間，竟是在他失蹤後僅十多小時，且為何將電報誤發到附近的辛寨？這裡離上海一一四〇公里，乘直快列車也需廿二小時，而且還必須到四十五公里外的邯鄲市才能搭火車。晚上不通汽車，他走時也未騎自行車，縣、市、省城均無飛機場，坐飛機絕不可能，難道是他自己瞬間飛到了上海？再說，他去上海幹什麼呢？

不管怎樣，應把黃延河領回再說，謎團來日待解，大家做出了決定。副支書黃宗善身為村幹部又是黃延河遠門親屬，對此事更是關注，他出於慎重，覆電到上海收容站，說黃延河左臂有塊痣，望查明。三天後來電確認是他。

村委會幫助籌借了二百元（其中在信用社貸款一百元），委派黃延河的表哥黃延明和鄰近曲周縣親戚錢郝的一塊赴滬領人。黃延明當時三十多歲，復員軍人，當兵時因公去過上海，是全村唯一見過大世面的人；錢郝有個表弟叫呂慶堂在上海五六七六一部隊工作，這樣萬一找不到收容站，可讓部隊同志協助查尋。

兩人乘坐了二小時汽車來到了邯鄲市。又乘坐了廿二小時火車來到了上海市，他們首先到了部隊，以家屬探親為由，找到了師部幹事呂慶堂，說明了來意，望協助解決。呂慶堂和部隊其他同志聽說了這件事，也感到非常新奇。第二天早晨即和收容站取得了聯繫。

呂慶堂、黃延明、錢郝的一塊乘部隊小車來到了收容站，黃延河果然在那裡！經收容站證實：黃延河於七月廿八曰（農曆六月十三）一早被收容站收留，是兩個「交通警」將他送進那裡，說他是河北肥鄉縣辛寨人，所以電報就誤發了辛寨。兩人經出示介紹信，將黃延河領出。

三人登上了回家鄉的列車。到家鄉後，鄉親們詢問著他出走的原因和經過。黃延河惶惑地給人們講了他神秘的奇遇：那天晚上，天氣悶熱，雲層越來越低，晚上十點左右，我在這間剛蓋好還未安門的新房裡睡著，不多時又被喧鬧的聲音驚醒，睜開雙眼一看，不覺大吃一驚！

夜色中，只見高樓林立，霓虹燈閃爍，自己躺在一個繁華的大城市街頭！身邊還有個小包裹，包著我的衣物，平時這些衣物隨丟亂放不在一處，這次不知道是怎樣都集中在包裹裡，同我一起飛到了異鄉。

環視四周，許多招牌上都寫著「南京市ＸＸ商店」、「南京市ＸＸ旅館」等，定了定神，不是幻覺，不是做夢。南京距家鄉八三〇多公里，怎麼不知不覺瞬間到這裡？

在我驚愕之時，走來兩個交通警模樣的人，略加盤問後，給了我一張火車票，說南京至上海的火車就要開車了，讓我立刻坐車到上海，說那裡有收容站，能和家鄉取得聯繫。請我先走，聲稱隨後他們也去。一切由他們安排。

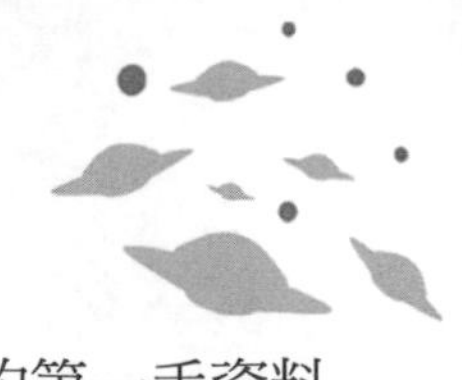

午夜時分，我乘上了開往上海的普快列車，畢竟是第一次遠離家鄉，隨著列車啟動，心裡越來越不安，將頭探往窗外，還能遠遠望見月臺上為我送行的交通警。經過四個小時的行程，列車駛進了上海車站，我隨著乘客走出月臺，沒想到兩個交通警正在出站口等候，不知他們乘坐了什麼，比火車還快。

此刻天已破曉，迎來了上海的早晨。兩人帶著我穿街過巷乘汽車，來到一個南北街道路西的收容站裡，將我給接管同志交代後離去。接管同志也沒有再具體盤問我什麼，便將我暫時收留。十八天來，我一直在納悶，這到底是怎麼回事？

聽他述說的眾人也面面相覷都在納悶，這到底是怎麼回事？

神秘地闖進軍營

人們在猜測不安中不覺又度過了一個多月，未有別的異象發生，驚恐的小村莊才逐漸平靜下來。九月十一曰（農曆七月二九）的晚上，村委會在黃延河家南院召開大搞生產群眾會。

晚上十點多，勞累了一天的黃延河躺在院裡的床上睡了，他心裡還惦記著明早送糞的事。半夜醒來一看，卻又躺在一一〇〇多公里以外的上海火車站廣場！此刻人們大都已經休息，站前廣場上已是人影疏稀。驚恐詫疑的黃延河環視四周，是那樣的安靜，並沒有可疑的人士。

車站上側巨大的鐘錶上顯示當時為午夜一點多鐘。驚魂未定，狂風四起，電閃雷鳴，下起了暴雨。來到外鄉，哪是歸宿？

黃延河不由得哭了起來，忽想起上次協助回家的軍營幹部，雖僅一面之交，畢竟是這茫茫大城市中唯一的熟人了，他只知道軍營距火車站近四十公里，具體怎麼走已記不得了。

「請問，你是肥鄉的黃延河吧，是不是要到軍營去？」這時有兩個人走向他，未穿軍裝卻自稱是部隊的，說受長官之委託在此專門等候小黃並要帶他去部隊。過黃埔江時給了小黃四分錢，讓他買票。

到了部隊門口，有戰士持槍站崗，警惕地注視著四周。這三人進入時，站崗的毫無反應，沒有吭聲，好像視而不見，聽而不聞。

營房內，一隊戰士正在操練。又如此這般地過了兩道崗，三人進了師部。「你怎麼又來了？怎麼進來的？」呂慶堂和幾位軍人都感到驚訝。

「他倆送我來的，」等黃延河回頭欲介紹時，那兩個人突然不見了，四處查找均無蹤影。

「我不到門口接你，門崗是絕不會放進的。」呂慶堂說罷轉身就去找門崗問明情況，可是三道崗都一口咬定沒見外人進來和出去。戰士們也為此證明，難道他自天而降？難道

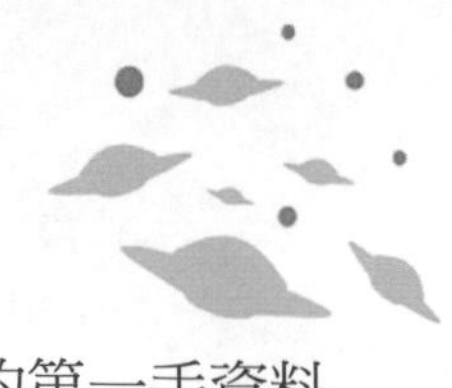

他會隱身術？

黃延河來歷不明，突然出現在師部，驚動了整個營房。第二天上午十一點，北高村就收到了部隊來的電報，是直接發給黃宗善的，查問黃延河到底是什麼人，竟神不知鬼不覺闖進了師部。並追究門崗的責任。

村支部當即回電誠告：黃延河不是壞人。

呂慶堂無可奈何，讓戰士們也嚇了一頓：「再來就把你抓起來！」

第二天用小車把他送到上海火車站。為他買了回家的車票，給了他幾塊零錢，讓他回到了家鄉。

這次經歷三天。黃延河再次離家，又引起人們的紛紛議論，成為方圓百里的頭號新聞。更不可思議的是，在他離家的同時，房屋的土牆上出現了好像是用鐮刀刻的文字：「山東高登民、高延津放心」，但一直無法查到刻字的人。

中國領空大飛越

最神奇的失蹤要數第三次。又隔幾天，大約是在九月二十日（農曆八月初八），這天夜幕降臨，黃延河去大隊記錄自己的工分回來，一路上東張西望，總覺得有人在窺視他，跟蹤他。來到家門剛進院子，忽感頭暈目眩，頓時失去知覺。

等醒過來以後，卻躺在一家旅館裡，一間不算豪華的房間，放著三個床鋪。旁邊坐著兩個年輕人，自稱是山東人，告訴小黃這裡已是離肥鄉一千公里以外的蘭州，並說他在南京遇到的「交通警」和送他到部隊的人都是他倆扮的，前兩次失蹤也是他們安排的。

這次帶他出來，初定九天遊覽九大城市，來個中國領空大飛越，蘭州作為這次的第一站。「明天你可以到街上轉轉，流覽一下市容，晚上飛越北京。」

那兩個人身高約一．八五米以上，以現代人年　判斷好像只有二十多歲，即和小黃年齡相仿。從外表上也看不出什麼異樣，不多說話，和小黃說話用肥鄉口音，一和旅館人員說話即改用蘭州口音。當時黃延河如驚弓之鳥，不敢再多問，生怕再有什麼怪事臨頭。

天亮了。窗外，旭日東昇，雲霞萬朵，映照著蘭州這個時尚的城市，一排排楊柳樹旁，一座座高樓正在拔地而起。鄉下人難得到這樣遠的城市來一趟，本該到市區遊覽一番，由於一宿未睡好，此刻他卻睏意襲來，竟一覺睡到了傍晚。

匆匆吃過飛行人為他準備的晚餐，又經過一天的休息，黃延河精神充沛思維清楚。當晚，飛行人帶他來到郊外，用目光告別了蘭州，背起小黃向北京的方向騰空飛馳。並說要「加快速度，飛到北京不誤看戲。」

半個新月灑下亮光，鳥瞰大地，丘陵、山川、村莊、城市正目不暇給地向後退去，甘肅——寧夏——陝西——山西——河北——北京，至少一二〇〇公里的路程，照例是一個

小時即到。俯視京城，萬家燈火，星羅棋佈。

三人降落在市中心一座高樓頂上。已有另外兩個人在那裡等候。二飛人撇下小黃，同那兩人一陣悄聲會晤，是向他們的上司請示或彙報飛行情況嗎？

出於禮貌，黃延河沒有上前打聽。話別了那兩人，飛行人攜起小黃飛落在北京的中心天安門前面。

黃延河是第一次也是以如此怪異的方式來到北京，自然也是第一次來到天安門前，充滿了好奇和新鮮。飛行人似乎早就來過這裡，對廣場周圍的建築景色作了簡要介紹，催小黃快看一下，因為戲劇就要開演了。

大約十分鐘左右，黃延河跟著飛行人離開了廣場，直奔附近的長安大劇院。劇院門前，人群熙熙攘攘，觀眾正在購票入場，大型歷史劇目《逼上梁山》就要開演了，說的是歷史上民眾造反的故事。看戲雖憑票入場，但這三人沒有買票，竟長驅直入，守門員毫無反應。

龐大的劇場此時已快坐滿了觀眾，三人只好坐在最後一排。飛行人對戲曲好像頗有興趣，看得也算認真，還能夠向小黃介紹點劇情。散場後隨著人群出了劇場，走進不遠處一家旅館裡，飛行人改用普通話並出示了「省級介紹信」登記了房間。翌日黃延河又睡了大半天，未能去街上遊覽。

外星人研究權威的第一手資料

當晚三人一塊來到街上一家較為豪華的飯店裡。在家吃慣了苦菜窩頭的小黃，面對免費的魚蝦海味幾菜一湯也就不客氣了。飯後結算時，服務員報了個價，飛行人將手中已準備好了的錢遞過去，不多不少正好，好像早就算好了。出了飯店，飛行人告訴小黃，現在就去天津，你不是更喜歡看電影嗎？

一人背起小黃，一人跟著同向天津方向飛去。北京距天津相對來說並不太遠，照例是一個小時即到。

三個陌生人自天而降，落在市中心一個街道上。往前走不多遠來到一家電影院門前，一排溜電影廣告畫映入眼簾，很是醒目，今晚要上映故事片《苦菜花》。正是入場時分，三人又是無票進場，守門員毫無反應。進去照例坐在後排。

燈火熄滅，電影開始，根據長篇小說改編的影片，說的是解放前夕膠東半島人民鬧革命的故事。散場後，三人來到不遠的一個招待處，飛行人這次又用天津口音請服務員安排房間。先交錢？好的，隨即遞過去，又是不多不少剛夠，好像早就料到多少錢似的。

翌日三人都起床很晚，將近中午時分，飛行人說吃了午飯遊覽市容。天津市和平區的一條街道上，三位不速之客漫步街頭，此時好像沒有什麼著重的地方，就是讓小黃跟著多轉轉多看看。

傍晚，飛行人說：「今夜要去哈爾濱了。」還是一個小時的飛行（中途落地停了一下，

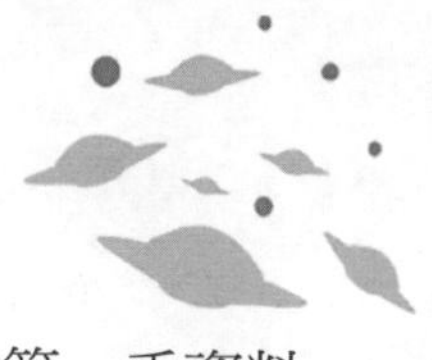

兩人輪流攜帶小黃）落在哈爾濱市區。照例先找住處，超人又改用哈爾濱口音登記了房間。

次日早晨起來，小黃感到有些寒意，屈指一算，已是九月廿三曰（農曆八月十一），北方要比南方氣溫低了很多。

「先找衣服穿，」一人與小黃在屋裡等著，另一個出去說是取衣服了。片刻後，果然帶回三套一樣的新服裝，大小正合適。

三人穿得一模一樣來到街上，先吃早飯吧。一家很寬敞的速食店，顧客不少，服務小姐正忙裡忙外。「沒錢了，自己動手吧。」小黃準備座位，兩人從服務間端來了早點。吃完之後，飛行人相對一笑，示意小黃走人。

三人走進一家百貨商場，顧客摩肩接踵，商品琳琅滿目。超人只是漫步流覽，什麼也不買。小黃倒是想買點時尚的小玩意做個留念，但又沒錢，也不便向超人張口，也許人家也真的沒錢了。

又是傍晚，三人共進晚餐後，小黃問道：「今晚要去哪裡？」

「長春。」

三人騰空一小時後，降落在另一個城市，住進一家旅社，第二天白天也沒去街上遊覽，說是想休息一下。又是夜幕降臨時，黃延河知道又要出發了，超人照例告訴他：「是的，今晚該去瀋陽。」據黃延河的回憶，在瀋陽也是只有一天的活動，與在哈爾濱的情況基本相同。只是三人又換上了新的服裝，流覽市容，進飯店，如入無人之境。

九月廿五日（農曆八月十三）的黎明，飛行人叫醒了黃延河，說「現在要去福州」，還說借的衣服已送還。月亮西沉，寒星閃爍，街道上一片寂靜，大地在朦朧中尚未甦醒。

三位遠征人要至少飛越一八〇〇公里，（從地圖上按直線計算。其實際交通路線最少在二三〇〇公里以上。）其中還要飛越約七〇〇〇公里的渤海與黃海水面，向福州挺進！

還是一個小時即到，拂曉，三人在福州郊外的一片長滿蘆葦的海灘上著陸。小黃獨自往前跑去急著要看大海，二超人也跟著來到海邊。但是此刻天不作美，山風驟起，海峽上空烏雲密佈，大有山雨欲來風滿樓之勢。灰濛濛的海水，波濤翻滾撞擊著海岸。

二超人告訴黃延河：「對面就是台灣。」

小黃這才注意到這一帶的山崖上「解放台灣，統一祖國」標語字樣，其實這些標語口號各地也都有，說了多少年了。

「我們什麼時候解放台灣呢？」

「不行啊，台灣解放不了。」超人的語氣很肯定，好像他們早知道似的。

「是不是……海水太深，不好過呢？」超人沒有回答。其實黃延河只是順便問問，他並不關注誰解放誰的問題。

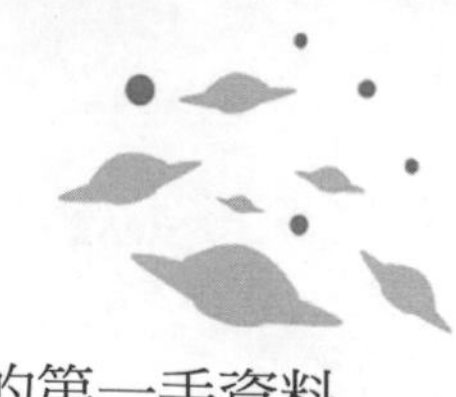

下午休息。夜間二超人攜帶著黃延河又出發了。還是黎明時分，三人落在南京長江大橋上！此刻大橋上下的車輛人群還不多，江水在靜靜地流淌，偶有汽艇或船隻靜靜地駛過，江對面，起伏的山巒像幅水墨畫，高高低低樓房裡的點點燈光像天上的小星。不一會兒，太陽冒出來了，日出江花紅勝火，大橋及周圍的景色就要熱鬧起來！

三人在此地及附近參觀漫遊了大半天。傍晚。一輪明月正東升（九月二七日，農曆八月十五），中秋佳節，天上人間共團圓。乘著月光，三人又向一千公里左右的西安前進了。

九月二八日，西安市城南大慈恩寺內的遊客中，有三個無票入寺遊覽者。他們來到寺內的大雁塔下，超人告訴小黃：「塔高六十多米呢，是由唐僧玄奘負責建造，用來收藏經書的。」

九月二九日，三人又出現在蘭州街頭，即回到了出發的地方，小黃知道這次半個中國大旅遊快要結束了。當夜，小黃還在熟睡中，二超人攜帶著他又一路東征千餘公里向肥鄉進發了。翌日黎明時，他母親聽到屋外有物體落地的響聲，提著馬燈到院裡一看：「是小黃回來了！」

正躺在院裡棗樹底下昏睡著，還是離開時穿的一身舊衣，只是赤著腳，一雙布鞋沒了。他家人把他扶進屋裡，安睡下，即向村委會報告了小黃回來的消息。這次歷經十天。第三次失蹤時間之長，到的地方之廣，黃延河對此印象很深。飛行人讓他趴在背上

（感到有人的體溫），即飛離地面一丈多高，過建築物也是高出丈許。四肢不動，也沒有迎面的風感。速度感覺像跑一樣快，中途一般不停留。雖然各城市距離不等，都是一個多小時即到。

不明飛行人懂很多地方語言，到哪裡就用哪裡口音。住旅館時，要哪裡介紹信都有。每到一地，一人看護他，一人去不知何處取回一式三套衣服穿上，離開時又脫下送回不知何處。

那兩人除了穿的，隨身連個提包，甚至盥洗用具也沒有。凡能留紀念的東西一律不許帶，並且拒絕照相。錢也不多，每次不多不少剛夠用。後來食宿不再花錢，如入無人之境。小黃有時心裡很緊張，但知道逃跑也沒用。超人說，玩夠了就讓你回去。

三次爆炸式新聞，波及冀南甚至更遠的地方，沸沸揚揚，眾說紛紜。縣公安機關本著社會治安的角度派人追查，結果列為懸案，不了了之。幾天之後，黃延河的未婚妻堅決要求和他解除婚約了。種種謎團待解，滿天疑問落在人們心頭。

問號劃滿了天地

來無影，去無蹤，問號劃滿了天地。超人帶他去遨遊，如果是當事人虛構的謊言，那麼，村委會、廣大群眾，還有部隊幹部戰士及收容站職工都願意長期為他作偽證嗎？

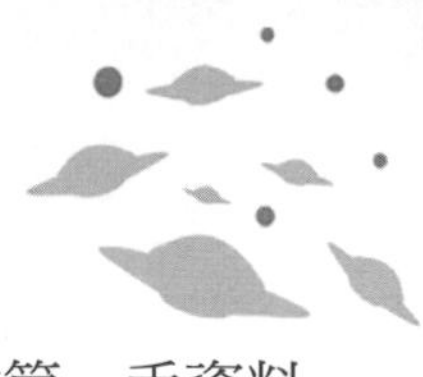

他幾經折騰又為此破費二百多元有什麼意義呢？（當時日工值僅〇．二元，二百元相當他三年勞動總值）。未婚妻離去，成家成為泡影，他能堅持新天方夜譚不要家庭嗎？如果是他杜撰的，一個憨厚老實的村民當時能如此異想天開嗎？多年來經過多少人次的非議、審問，他能永遠沉著鎮靜守口如瓶嗎？

飛行人所表演的一系列反物理現象能是地球人所為嗎？莫非外星人在為中國的科技、文化、社會的變革指點迷津？是什麼超級動力使其在背負重載下騰空飛越連續十大城市累計一萬公里？是什麼法術能使他們具有顯形隱形兩種形態？是靠什麼原理導航，夜晚飛行，著陸地點都準確無誤？如何消除急速飛行中造成的迎面強勁的風感？又是什麼神功能使人隨時睡去和醒來？

這是人類見識宇宙科技的啟蒙嗎？這是人類即將進入新的物理革命的號角嗎？這對於當代科技，對於萬有引力定律，對於人體科學，對於人的衣食住行，對於能源交通，對於社會心理，對於文化宗教和藝術，對於海峽兩岸的和平與發展，對於星地交往。對於幽浮研究等等一系列問題難道沒有啟示嗎？難道不值得人類深思

超人帶他去遨遊，具體要向我們說明什麼呢？超人為什麼要帶肥鄉的人去表演這個事件？只是因為「肥鄉」與「飛翔」諧音嗎？他們為什麼要在北京天安門附近觀看戲劇《逼上梁山》呢？是在預示將來此處要發生民眾造反的事件嗎？他們遊覽了許多城市（那時旅

店房間還沒有電視），為什麼寧願待著，不去看別的戲劇或電影呢？不嫌旅途生活寂寞嗎？還是怕人們在無關的文藝節目上作文章？

一九八九年六月，就在演出《逼上梁山》的地方終於爆發了震動全國的大學潮（官方稱之為動亂和反革命暴亂），這又說明了什麼呢？

就在筆者對此事調查將結束時，在該村上空拍到不明飛行物的照片，是飛行物有知，特闖了鏡頭嗎？這一切又都是什麼關係呢？偶然乎？必然乎？

我們站在貧窮落後的黃土地上問天，我們站在廣闊無垠的蒼穹之下問天，我們沿著超人飛過的足跡問地，一道鋪滿天地的全新方程大算式；一項具有中國科技文化社會變革的乃至具有人類戰略意義的思維大啟示。

法國十八世紀無神論者霍爾巴赫說過：「人們之所以迷信，乃是因為恐懼。之所以恐懼，乃是因為無知。」我們今天的認識，今天的努力，將為我們千秋萬代的思想、生活奠基。如果我們正確領悟了超人此次壯舉的意圖，如果我們破譯了超人表演的一系列反物理現象的理論和技巧，必然會給人類帶來一場科技革命。

四、月球是外星人製造的

月球，大家每天晚上都能看到，能有什麼神秘？不少科學家曾在望遠鏡中看到奇異的月面景象，不少登陸月球的太空人在那裡看到幽浮，甚至拍到金字塔……月球有太多挑戰現有科學知識的現象出現。

一九七〇年，俄國科學家柴巴可夫和米凱威新認為：月球是空心的太空船！

月亮呀，妳到底來自何處？

月球，跟隨地球不知多少年了？也許地球上還沒有人類之前，它就在天天看著地球。以前，大家都說月裡有一座廣寒宮，住著一位古代美女嫦娥，一隻白兔，還有一位天天在砍伐桂樹的吳剛。然而，在一九六九年七月一九日，美國太陽神一一號太空船登陸月球，沒有看到廣寒宮，也沒有找到嫦娥和白兔，更沒有桂樹和吳剛，於是許多人的美麗幻想成為科學的失望。

但是，時至今日，太空人登陸月球已經超過五十年了，人類對月球的瞭解並沒有增加，反而由於從太空人留在月球上的儀器，得到更多的不解資料，讓科學家愈來愈迷惑，每當夜晚抬頭望向月球之時，產生既熟悉又陌生的複雜情　，不禁要問：「月亮呀，可不

可以告訴我們，妳的真相？」

目前有關月球起源的說法有三種，第一個假說是月球和地球一樣，是在四六億年前由相同的宇宙塵雲和氣體凝聚而成的；第二個假說是月球系由地球拋離出去的，拋出點後來形成太平洋；第三個假說是月球是宇宙中個別形成的星體，行經地球附近時被地球重力場捕獲，而環繞地球。

原本多數科學家相信第一種說法，也有少數相信第二種說法，可是自從太空人登上月球，取回不少月球土壤，經化驗分析知道月球成分和地球不同，地球是鐵多矽少，月球是鐵少矽多；地球鈦礦很少，月球很多，因此證明月球不是地球分出去的，第二種說法站不住腳了。

同樣的原因，也使得第一個假說動搖了，因為，如果地球和月球是在四六億年前經過相同過程形成的，那麼成分應該一樣才對，為何差異會那麼大呢？所以，科學家只好也放棄第一種說法。

只剩第三種說法了，可是如果是其他地方飛來的星體，飛進太陽系後，太陽引力比地球引力大很多倍，照理講月球應該受到太陽的引力而飛向太陽，不是受到地球的引力留在地球上空的。

這三種正統科學家提出的假說，沒有一項能解答所有疑問，也沒有一項禁得起嚴格的

質問。事實上，時至今日，「月球來自何處」，仍是天文學未定之論。也因此任何人都可以提出自己對月球起源的看法，不管多離奇，他人是不能用任何不科學的字眼來批評的。

日月與地球之間的奇妙

現在舉出一個大家都想不到的天文上奇妙現象，讓大家用心想一想。

月球離地球，平均距離約為三八萬公里。太陽離地球，平均距離約為一億五千萬公里。兩兩相除，我們得到太陽到地球的距離約為月球到地球的三九五倍遠。

太陽直徑約為一百三十八萬公里，月球直徑約為三四〇〇多公里，兩兩相除，太陽直徑約為月球的三九五倍大。

三九五倍，多麼巧合的數字，它告訴我們什麼資訊？大家想想看，太陽直徑是月球的三九五倍大，但是太陽卻離地球有三九五倍遠，那麼，由於距離抵消了大小，使這兩個天體在地球上空看起來，它們的圓面就變得一樣大了！這個現像是自然界產生的，或是人為的？宇宙中那有如此巧合的天體？

從地面上看過去，兩個約略同大的天體，一個管白天，一個管夜晚，太陽系中，還沒有第二個同例。

著名科學家艾西莫夫曾說過：「從各種資料和法則來衡量，月球不應該出現在那裡。」他又說：「月球正好大到能造成日蝕，小到仍能讓人看到日晷，在天文學上找不出理由解釋此種現象，這真是巧合中的巧合！」

難道只是巧合嗎？有些科學家並不這麼認為。科學家謝頓（Willian R. Shelton）《贏得月亮》一書中說：「要使太空船在軌道上運行，必須以每小時一萬八千哩的速度在一百哩的太空中飛行才可，同理，月球要留在現有軌道上，與地球引力取得平衡，也需有精確的速度、重量和高度才行。」問題是：這樣的條件不是自然天體做得到的，那麼，為何如此？做為衛星它太大了。

太陽系若干行星擁有衛星，這是自然現象，但是我們的月球卻有一個「不自然」的大小，也就是說做為一個衛星，它的體積和母親行星相比實在是太大了。

我們來看看下列資料：地球直徑一二七五六公里，衛星月球直徑三四六七公里，是地球的百分之二十七。火星直徑六七八七公里，有兩個衛星，大的一個直徑二十三公里，是火星的百分之〇・三四。木星直徑一四二八〇〇公里，有十三個衛星，最大的一個直徑五〇〇〇公里，是木星的百分之三・五。土星直徑一二〇〇〇〇公里，有二十三個衛星，最大的一個直徑四五〇〇公里，是土星的百分之三・七五。

看一看，其他行星的衛星，直徑都沒有超過母星的五％，但是我們的月球卻大到百分之二七，這樣比較之後，是不是發現月球實在「大得不自然」了。這個資料，又在告訴

我們，月球的確不尋常。

隕石坑都太淺了

科學家告訴我們，月球表面的坑洞是隕石和彗星撞擊形成的。地球上也有一些隕石坑，科學家計算出來，若是一顆直徑十哩的隕石，以每秒三萬哩的速度（等於一百萬噸黃色炸藥的威力）撞到地球或月球，它所穿透的深度應該是直徑的四到五倍。

地球上的隕坑就是如此，但是月球上的就奇怪了，所有的隕坑竟然都「很淺」，以月球表面最深的加格林坑（Gagrin crater）來說，只有四哩，但它的直徑卻有一八六哩寬！

直徑一八六哩，深度最少應該有七

（NASA 檔案）

○○哩，但事實上加格林坑的深度只是直徑的二％而已，這是科學上的不可能。為什麼如此？天文學家無法圓滿解釋，也不去解釋，因為心裡清楚，一解釋就會推翻所有已知的月球知識。因為，只能說月球表面約四哩深處下有一層很堅硬的物質結構，無法讓隕石穿透，所以，才使所有的隕石坑都很淺。那麼，那一層很硬的物質結構是什麼？

不可能存在的金屬

月球隕石坑有極多的熔岩，這不奇怪，奇怪的是這些熔岩含有大量的地球上極稀有的金屬元素，如鈦、鉻、釔等等，這些金屬都很堅硬、耐高溫、抗腐蝕。

科學家估計，要熔化這些金屬元素，至少得在二、三千度以上的高溫，可是月球是太空中一顆「死寂的冷星球」，起碼三十億年以來就沒有火山活動，因此月球上如何產生如此多需要高溫的金屬元素呢？而且，科學家分析太空人帶回來的三八○公斤月球土壤樣品後，發現竟含有純鐵和純鈦，這又是自然界的不可能，因為自然界不會有純鐵礦。

這些無法解釋的事實表示了什麼？表示這些金屬不是自然形成的，而是人為提煉的。那麼問題就來了，是誰在什麼時候提煉這些金屬的？

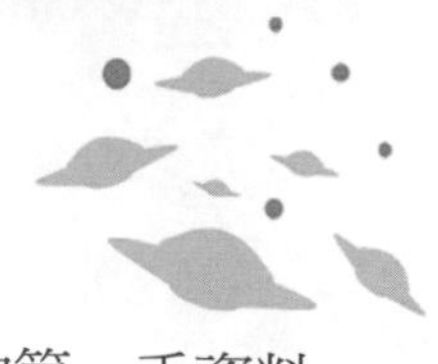

地球上看不到的那一面

月球永遠以同一面對著地球，它的背面直到太空船上去拍照後，人類才能一窺容顏。以前天文學家認為月球背面應和正面差不多，也有很多隕坑和熔岩海。但是，太空船照片卻顯示大為不同，月球背面竟然相當崎嶇不平，絕大多數是小隕坑和山脈，竟然只有很少的熔岩海。

此種差異性，科學家無法想出解答，照理論言，月球是太空中自然星體，不管那一面受到太空中的隕石撞擊的機率應該相同，怎會有內外之分呢？

月球為何永遠以同一面向著地球？科學家的說法是說它以每小時一六．五六公里的速度自轉，另一方面也在繞著地球公轉，它自轉一周的時間「正好」和公轉一周的時

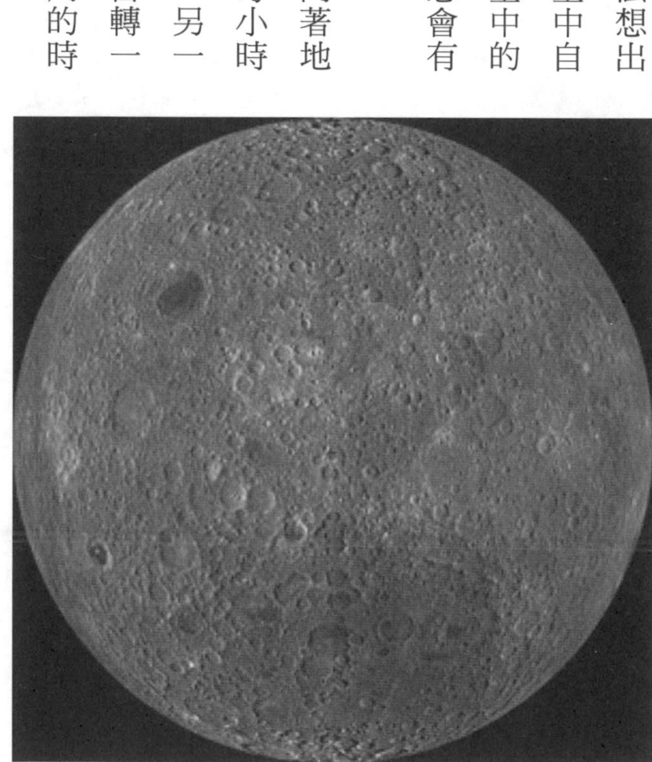

（NASA 檔案）

間相同，所以月球永遠以一面向著地球。太陽系其他行星的衛星都沒有這種情形，為何月球正好如此，這又是一種巧合中的巧合嗎？難道除了巧合之外，不能找一些其他的解釋嗎？

數百年來的怪異現象

月球曾發生過不少無解的現象，數百年來的天文學家不知已看過多少次了。

一六七一年，三百年前的科學家凱西尼就曾發現月球上出現一片雲。

一七八六年四月，現代天文學之父威廉赫塞爾發現到月球表面似乎有火山爆發，但是科學家認為月球在過去

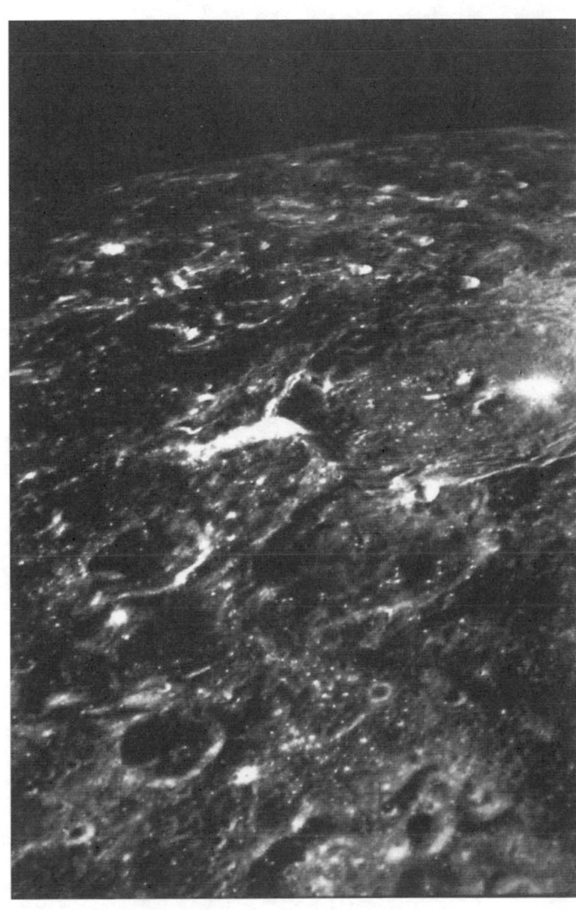

（NASA 檔案）

（NASA 檔案）

三十億年來已沒有火山活動了，那麼這些「火山」是什麼？

一八四三年曾繪製數百張月球地圖的德國天文學家約翰史穀脫，發現原來約有十公里寬的利尼坑正在逐漸變小，如今，利尼坑只是一個小點，周圍全是白色沈積物，科學家不知原因為何？

一八八二年四月二四日，科學家發現月球表面「亞裡斯多德區」出現不明移動物體。

一九四五年十月十九日，月面「達爾文牆」出現三個明亮光點。

一九五四年七月六日晚上，美國明尼蘇達州天文臺台長和其助手，觀察到皮克洛米尼坑裡面，出現一道黑線，過不久就消失了。

一九五五年九月八日，「泰洛斯坑」邊緣出現兩次閃光。

一九五六年九月二九日，日本明治大學的豐田博士觀察到數個黑色物體，似乎排列成DYAX和JWA字形。

一九六六年二月四日，蘇俄無人探測船月神九號登陸「雨海」後，拍到兩排塔狀結構物，距離相等，依凡桑德生博士說：「它們能形成很強的日光反射，很像跑道旁的記號。」伊凡諾夫博士從其陰影長度估計，大約有一五層樓高，他說：「附近沒有任何高地能使這些岩石滾落到現在位置，並且成幾何形式排列。」

另外，月神九號也在「風暴海」邊緣拍到一個神秘洞穴，月球專家威金斯博士因為自己也曾在凱西尼A坑發現一個巨大洞穴，因此他相信這些圓洞是通往月球內部。

一九六六年十一月二十日，美國軌道二號探測船在距寧靜海四六公里的高空上，拍到數個金字塔形結構物，科學家估計高度在一五至二五公尺高，也是以幾何形式排列，而且顏色比周圍岩石和土壤要淡，顯然不是自然物。

一九六七年九月十一日，天文學家組成的蒙特婁小組發現寧靜海出現「四周呈紫色的黑雲」。這些奇異現象，不是一般人的外行發現，全是天文學家和太空探測器的報告，意味著：月球上有人類未知的神秘！

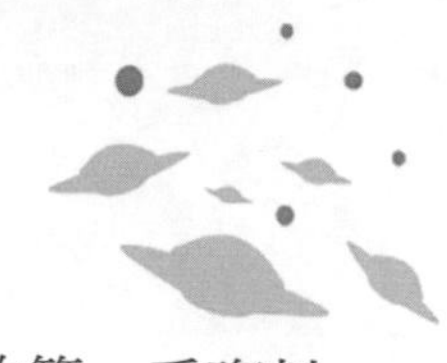

（NASA 檔案）

月面上的不明飛行物

一九六八年十一月二四日，太陽神八號太空船在調查將來的登陸地點時，遇到一個巨大的有十平方哩大的幽浮，但在繞行第二圈時，就沒有再看到此物體，它是什麼？沒人知曉。

太陽神十號太空船也在離月面上空五萬呎的地方，突然有一個不明物體飛升，接近他們，這次遭遇拍下了紀錄片。

一九六九年七月十九日，太陽神一一號太空船載著三位太空人奔向月球，他們將成為第一批踏上月球的地球人，但是在奔月途中，太空人看到前方有個不尋常物體，起初以為是農神四號火箭推進器，便呼叫太空中心確認一下，誰知太空中心告訴他們，農神四號推進器距他們有六千哩遠。

太空人用雙筒望遠鏡看，那個物體呈L狀，阿姆斯壯說：「像個打開的手提箱。」再用六分儀去看，像個圓筒狀。另一位太空人艾德林說：「我們也看到數個小物體掠過，當時有點振動，然後，又看到這較亮的物體掠過。」

七月二十一日，當艾德林進入登月小艇做最後系統檢查時，突然出現兩個幽浮，其中一個較大且亮，速度極快，從前方平行飛過後就消失，數秒鐘後又出現，此時兩個物體中間射出光束互相連接，又突然分開，以極快速度上升消失。

在太空人要正式降落月球時，控制台呼叫：「那裡是什麼？任務控制台呼叫太陽神一一號。」太陽神一一號竟如此回答：「這些寶貝好巨大，先生……很多……噢，天呀，你無法相信，我告訴你，那裡有其他的太空船在那裡……在

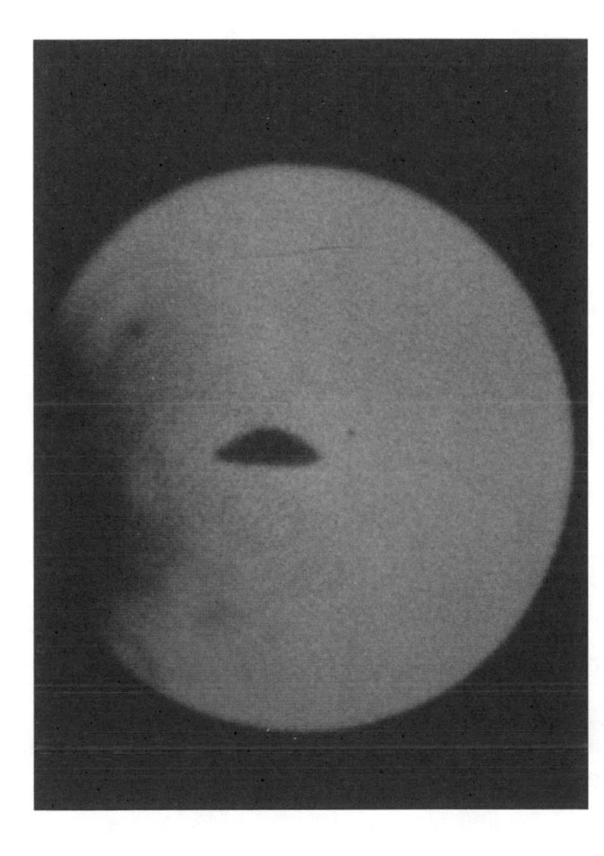

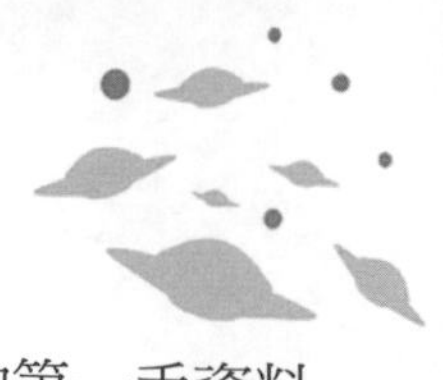

遠處的環形坑邊緣，排列著……他們在月球上注視著我們……」

蘇俄科學家阿查查博士說：「根據我們截獲的電訊顯示，在太空船一登陸時，與幽浮接觸之事馬上被報告出來。」一九六九年十一月二十日，太陽神十二號太空人康拉德和比安登陸月球，發現幽浮。一九七一年八月太陽神十五號，一九七二年四月太陽神十六號，一九七二年十二月太陽神十七號……等等的太空人也都在登陸月球時見過幽浮。科學家蓋利曾說過：「幾乎所有太空人都見過不明飛行物體。」

第六位登月的太空人艾德華說：「現在只有一個問題，就是他們來自何處？」第九位登月的太空人約翰楊格說：「如果你不信，就好像不相信一件確定的事。」

一九七九年，美國太空總署前任通訊部主任莫里士・查特連表示「與幽浮相遇」在總署裡是一件平常事，並說：「所有太空船都曾在一定距離或極近距離內被幽浮跟蹤過，每當一發生，太空人便和任務中心通話。」

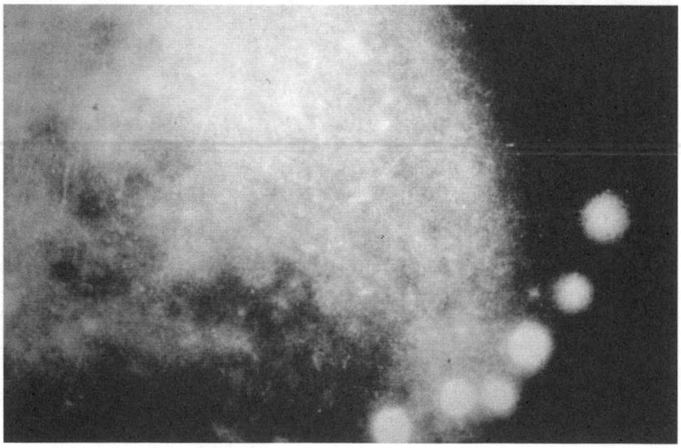

數年後，阿姆斯壯透露一些內容：「它真是不可思議……我們都被警示過，在月球上會有城市或太空站，是不容置疑的……我只能說，他們的太空船比我們的還優異，它們真的很大……」

數以千計的月球神秘現象，如神秘閃光、白雲、黑雲、結構物、幽浮等，全都是天文學家和科學家共睹的事實，這些現象一直未有合理解釋，到底是什麼呢？

空心的太空船月球

一九七〇年，俄國科學家柴巴可夫（Alexander Scherbakov）和米凱威新（Mihkai Vasin）提出一個令人震驚的「太空船月球」理論，來解釋月球起源。（出處：Is the Moon an Artificial Alien Base ? http://www.section51-UFO.com/）

他們認為月球事實上不是地球的自然衛星，而是一顆經過某種智慧生物改造的星體，加以挖掘改造成太空船，其內部載有許多該文明的資料，月球是被有意的置

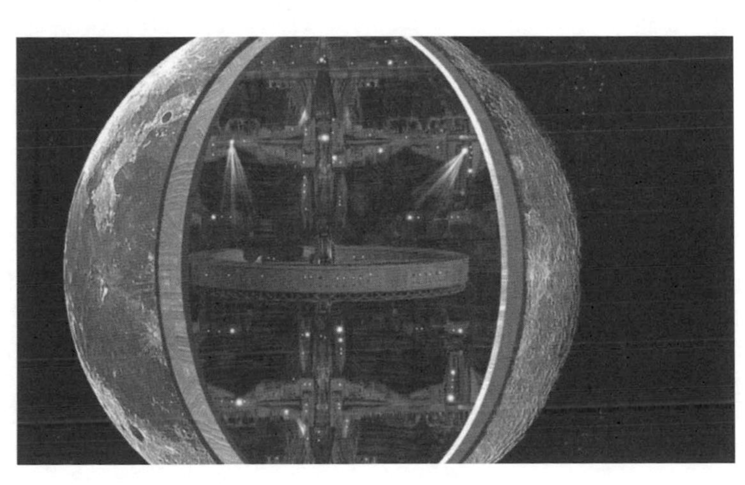

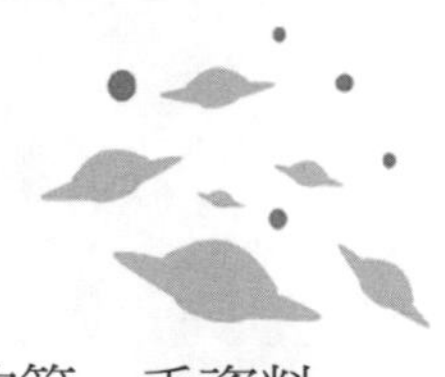

放在地球上空，因此所有的月球神秘發現，全是至今仍生活在月球內部的高等生物的傑作。

當然這個說法被科學界嗤之以鼻，因為科學界還沒有找到高等智慧的外星人。但是，不容否認的，確是有許多資料顯示月球應該是「空心」的。最令科學家不解的是，登月太空人放置在月球表面的不少儀器，其中有「月震儀」，專用來測量月球的地殼震動狀況，結果，發現震波只是從震央向月球表層四周擴散出去，而沒有向月球內部擴散的波，這個事實顯示月球內部是空心的，只有一層月殼而已！因為，若是實心的月球，震波也應該朝內部擴散才對，怎麼只在月表擴散呢？

重新架構新月球

現在，我們可以來重新架構月球理論了：月球是空心的，月殼分為兩層，外殼是岩石及礦物層，像是自然的星體，由於隕石撞擊月球後，只能穿透這一層，已知隕坑的深度都不深，最深只有四哩，所以此層厚度最多五哩。

月球內殼是堅硬的人造金屬層，厚度不知道，也許只有十哩，成分含有鐵、鈦、鉻等，能耐高溫、高壓、腐蝕，是一種地球人未知的合金。因為太空人安裝在月球表面的月震儀顯示震波只在月表傳遞，而不深入內部，可見月球的確只有這兩層月殼。果真如此，月球

就不是自然界的，它是人造的，造它的「人」經過精細計算，將月球從他們的星系運到太陽系來，擺在現在的位置，使地面上的人能在夜間看到它，而且和太陽一樣大。

所以，月球起源的三種理論都不對。

「造月的人」讓月球永遠以一面向著地球，因為這一面有不少控制地球的設備。他們自己住在月球背面的內部，因為月球表面日夜溫差太大，中午最熱是攝氏一二七度，夜間最冷是零下一八三度，不適合居住，所以都住在內部。他們已發展出飛碟，經常飛出外面作些研究或修護儀器，並注意地球人的動靜，有時被地球太空人看到，有時被地面上的望遠鏡觀測到。

「造月的人」是那一種外星人？他們來此有多久了？我們目前都還不知道。也許不久，地球人就能知道月球的真相了。

我用科學無法解釋的實際月球現象，來重新架構月球的理論，圓滿的將月球之謎一一解答，有誰能說這樣做是不科學呢？

五、中美洲馬雅人的超文明遺跡

中美洲的馬雅神秘文明，迄今仍未有定論，它是如何建立的、又是如何消逝的，從來就沒有令人滿意的研究報告。面對馬雅文明，地球人到如今仍只有仰天思索的份！

我是學核子工程、天文學的，算是尖端科技訓練出來的現代人，原本應該以科學眼光來看這個世界的萬事萬物，但自一九七四年翻譯不明飛行物書籍之後，我的既有科學知識開始動搖，而在深入遠古文明的探索之後，我有了全新的宇宙看法。

我知道地球文明不是唯一的，現在的地球文明也不是像達爾文所說從遠古進化來的，所有我們可以讀到的教科書說法都錯了，但是在教科書掛帥和象牙塔科學家充斥的時代中，和既有觀點不同的新看法就是怪力亂神。

當我閱讀馬雅文明的神秘時，心底就泛

起了異樣的感覺，似乎在遙遠的地方，有著我內心深處的依戀，也有些許的迷惘。我不知道為何會有這種奇妙混合著惆悵的感覺，但是我知道有一天我會到馬雅文明來朝聖。這麼多年過去了，我一直沒有失掉這種感覺，反而朝聖之心愈來愈濃。也讓我在飛碟、古文明研究之路上愈走愈踏實。

一直到一九八七年三月底，我和攝影家潘建宏為錦繡出版公司進行全球取材，才有機會來到馬雅聖地，一遂十多年的心底之夢，於是懷著旁人無法領略的心情，踏上征途。我們不是中美洲人，但是此行對我卻有「近鄉情怯」的感覺，或許是久已研究遠古文明的熟悉所致，也可能是馬雅古文明和我有一種不知名的宇宙關聯吧！

叢林裡的史前摩天大樓

古馬雅文明遍及中美洲猶卡坦半島，包含墨西哥、貝里斯、瓜地馬拉、洪都拉斯四國。根據一些百科全書的說明，將馬雅文化分成四個主要階段：第一時期是西元前二千年之前的古印第安時期，只有漁獵沒有重要藝術發展；第二時期是西元前二千年到西元後二百年的農牧時期，已開始有泥塑和巨石雕刻；第三時期是西元二百年到西元九百年的古典時期，城市興起，大建築大量產生，已使用複雜曆法；第四時期西元九百年至一五二〇年，已有商人階級、官僚組織，城牆堡壘同時興建，也會用金屬，但整個文明一下子就消失了。

馬雅文明被公認是中美洲古典時期最令人印象深刻、最著名的文化，它的核心是在瓜地馬拉的提卡爾，也是馬雅文明最壯觀的展示所，其兩座相向的大金字塔型神殿建築，被美國時代生活叢書形容為「像是叢林裡的史前摩天大樓」。

於是我們來到瓜地馬拉，從瓜市搭飛機朝東北飛，一個小時多一點來到了瓜國北部北坦省會弗羅列斯，換乘叢林旅店的巴士再朝北行去，直奔提卡爾，探訪馬雅文明中最完整、最精美、最偉大的遺跡群。

一個小時車程很快過去了，愈接近提卡爾，內心愈興奮。巴士終於進入提卡爾國家公園內，停在叢林旅店小辦公樓之前，我們兩人辦妥食宿手續，提著行李拿著鑰匙，看好地圖上我們居住小屋的位置，開始在陌生的叢林中找尋這幾天落腳的居處。

周遭的世界彷彿一下寂靜起來，四眼望去沒有他人，心裡感到緊張，盡快找到了我們落腳的小屋。一看到以茅草為頂的小屋，心情豁然開朗，裡面是現代化設備，但外觀和叢林景觀融合，這才是優質的設計。放下行李，拿出攝影器材和地圖，我們立即投入提卡爾的新鮮空氣和翠綠風景之中。

馬雅太有名了，瓜地馬拉政府便將整片叢林規劃為國家公園，沒想到走沒多久就遇到穿野戰服的四位士兵，心中一緊，小心走著，但我們走近卻不見他們盤問，還笑著向我們點頭，於是我們也趕忙點頭回禮，並「嗨」一聲。

在購票處問管理員，才知道邊界有反政府的遊擊隊，有時會滋事，所以派有駐軍守護，保護旅客安全。既來之則安之，我和潘兩人笑說，萬一遇到遊擊隊也認了，說不定還可以做個現場採訪，幫他們做個報導，話雖這麼說，心裡還是祈禱眾神，讓我們不要有此種遭遇。

提卡爾遺跡如何建立？

提卡爾面積極廣，還延伸到墨西哥境內。密林叢叢，羊腸小徑密佈，卻又蓋滿落葉，沒有依照固定參觀路線是會迷失在叢林中的。所以瓜國政府對提卡爾的維護相當重視，沿路都可以看到管理員及掃落葉工人，重要路段都很平整，只要拿著地圖就可以自助考察

了。

順著小徑，慢慢地走著，滿眼盡是叢林，左顧右盼，沒有其他旅者，陪伴我們的只是和煦陽光與清新空氣，以及不曾斷歇的鳥叫聲。到了分叉路必有指標。很快地我們就來到考古學家編號為F群的遺跡，那是高聲的集會所，呈現在眼前的只是清除上半部的遺跡，有三個入口，下半部仍舊覆滿土石，長滿雜草，保留原狀。

我們爬了上去，看看入口內是什麼，結果什麼也沒有，只是空空的石壁房間，查看手中資料小冊，才知那是馬雅人辦公空間，不是居住處。

順著小徑再往內走，一路上看不到其他建築，盡是叢林。我們的目標是著名的「大廣場」。腳踩著窸窣的落葉，心卻想著馬雅人為什麼要在這個只有海拔六五米的密林臺地居住？這兒遠離海岸，全是叢林，高溫潮濕，交通不便，應該不是理想的居住環境，卻發展

出古代高超文明，而更令考古學家不解的，這樣的馬雅人在文明鼎盛之時發展出建築、天文、數學，卻沒有發明輪子之類的運輸工具，他們是如何建立這些默默存在的遺跡？

而且，馬雅人在極短的時間內失蹤，除了現存遺跡外，什麼都沒留下來，他們到那裡去了？為什麼走得如此匆促？到底發生什麼事情？到如今，馬雅文明仍是人類文明史上的謎！走著走著，終於在樹間看到了建築，我不禁低呼終於到了，腳步不禁加快，迫不及待奔向曾經是馬雅人祭祀和重要集會的地方。

巨石神殿頂部破林而出

一步入大廣場，我就被周圍巨大建築群所震懾，停下腳步以虔誠之心凝望著。數千年前，馬雅人在這裡築出他們的文明，卻不曾留下隻字片語，只讓這些孤寂的巨石神殿默默地回憶著往日的興盛。

站在廣場中央，平坦的草地沒有一片落葉，公園管理員兢兢業業的維護著，生怕稍有怠忽，有損這個偉大殿堂的英名。我環顧四周，在東邊的是一號神殿，高達五十米，除頂部平臺屋舍外，其他部分分成九大級的金字塔型建築，每一大級又分為九級，從底部爬上去一共八一級，每一級都有四十到五十公分高，幾乎是我們樓梯的一倍，根本不是普通地球人所「方便」爬的。

由於年久失修，曾發生旅客摔下事件，便在石階中央垂掛有小指頭粗的鐵鍊，供旅客攀爬之用。我來到已熟悉又陌生十多年的馬雅遺跡，不爬上去是對不起自己的，也無法領會馬雅文明的偉大。於是，邁著大步，手腳並用，爬爬停停，好不容易來到上部平臺，喘了口氣，便被周圍的壯觀景象吸引住。

在伸向地平線的密林中，數座神殿頂部破林而出，迎著天上的白雲，彷彿在述說馬雅文明的偉大，也彷彿在傲視今日來看他們的現代人。

面對一號神殿的是二號神殿，造型不同，分三大級，中央是五十級石階，總高四十米。在一號神殿南方是五號神殿，形狀極像天文臺的圓頂，高達六三

米，資料上也說這是馬雅祭師占天象之用。

在十二號神殿中央北方是北衛城，複雜的石階和石屋顯示出當時建築技術的高超，不亞於今日的防衛工事。

中衛城的面積最廣，介於十二號神殿的南方，城牆厚度有五十公分，全是巨石塊疊成，並用類似水泥的黏土固定接縫。

我們在中衛城內爬上爬下，仔細穿越一間又一間的石屋，更加佩服馬雅人的文明，也使我更加疑惑，他們為了什麼要突然離開如此大的城市？不是遷移到其他地方，而是全體消失？為什麼？

為何馬雅文明突然被遺棄？

再循著小徑往內走，就看到躲在叢林中的三號神殿，只露出清理過的頂部，其他全埋在草土之中，雖然無法知曉其真實形狀，卻也領會到一個被埋沒的文明的淒涼晚景，我不禁緬懷的多看它一眼。四號神殿在更遠處，由於已是夕陽時分，叢林中的黑夜來臨得很快，只好順著原路趕回投宿小屋。

第二天一早便直奔四號神殿，首先遇到兩個豎立的大石碑，其上刻有馬雅人的記事，匆匆留影，又往前行，看到一座複合形金字塔，關照一下便來到四號神殿。四號神

殿高七十多米，體積有一九萬立方公尺，是所有馬雅建築中最高大的。我手腳並用，費盡力氣往上爬，實在是太陡峭了，中途曾想放棄，都因朝聖之心在鞭策，只有咬緊牙根往上爬，終於登上塔頂，從這裡環顧四周，立即感受到神秘氣氛，久久難息。

光是十二號神殿四周，極目所至的密密叢林中就有大大小小三五十座寺廟和宮殿，有些神殿原先被認為是西元八百年完成的，但是考古學家發現其基礎結構還可以再推向一千年以前，也就是說這些神殿是在數百年內被逐層加高的。

馬雅神殿的基座往往面寬超過五十米，高度也在四十米以上。在數千年前，馬雅人在沒有輪子的運輸工具下，是如何在濃密叢林裡搬運石塊，堆砌成塔的？以現代建築科技來做，也是不可能的。難道一些考古學家胡謅一通的說明，我們就能相信嗎？

馬雅人的額頭較向後傾，不同於美洲的印第安紅人。馬雅人有自己的神祇，和印第安人的神祇也不同，和美洲其他神祇也毫無關係。古老的

美洲其他種族的神祇都有嗜血和好戰的性格，但是考古學家卻沒有發現馬雅人的任何遺跡中有戰爭場面。

在所有馬雅古城或村落遺跡中，考古學家也幾乎沒有發現有類似武器的東西，這是地球上所有古老民族不可能存在的現象，在現代也是不可能的。

更神奇的是這些大型神殿遺跡，所用的石塊都重達十噸以上，但是，有一點相當重要，也是研究馬雅文明不能不知道的，那就是：馬雅文明遍佈的熱帶叢林的當地，並沒有盛產此種石材，這些建築石材都是從外地運來的，考古學家也弄不清是從那裡來的。

到現在為止，馬雅人從何而來？為何在四千年前突然出現在中美洲？一直都是考古學上的謎。而考古學家都承認馬雅文明在十六世紀時被突然遺棄，但是整個文明涵蓋區到現在並沒有找到戰爭的兵器和屍骨，也沒有發現大型傳染病在此發生的痕跡，這個文明的中斷也一直是考古學上不解之謎。

我在神殿頂部，望著四周的遺跡，想著這個豐盛文明的消失，不禁為之流下同情之淚。

馬雅的驚人數字

數字，是人類生活中必然會發展出來的計數工具。但是發展出輝煌文明的古羅馬人、巴比倫人、波斯人、埃及人等所用的數位體系，卻比不上深居叢林的馬雅人。

在紀元前三、四世紀之間，馬雅人已發展出含有「〇」的定位法，這是所有古文明所沒有的現象，因此馬雅人為何要使用這個數字？就成為考古學家研究的課題。

艾立克烏姆蘭德和克雷格烏姆蘭德這兩位考古學家曾用很多時間研究馬雅文明，他們的結論認為：馬雅人是遠古時期來地球採礦的外太空人的後裔，當時不知發生什麼事故，使他們有家歸不得，其後裔在缺乏物資的情況下，就淪落到被後世地球人視為原始民族的地步，後來來自故鄉星球的救難太空船終於到達了，他們便放下久居的地球，全體回到故

鄉星球。

這種曠世的說法當然在學術界產生極大的批判，但是，相信的人也很多，因為只有這種說法才能將馬雅人的一切不解之謎給圓滿解決。

以此說法，數字「○」本就是外星高科技馬雅人的數學單位，流落在地球的馬雅人後裔當然也保有了。

另外，馬雅的天文和曆法也比全世界的天文曆法先進，且更具特色。數千年前的馬雅天文成就，實在不是現代天文學家所能理解的，例如，我們用現代儀器知道一年是三六五・二四二二天，然而馬雅人卻在數千年前即已測出一年是三六五・二四二〇天，如果是「純種」地球人，能做得到嗎？

現代天文學知道一個月有二九・五三〇五九天，但位於墨西哥科潘的馬雅人早就知道一個月有二九・五三〇二〇天，另一族位於墨西哥帕連科的馬雅人也知道一個月有二九・五三〇八六天。如此精確的數字，古馬雅人是用什麼東西測出來的？若是原始民族，能用石器時代的原始工具做得如此精準嗎？

馬雅的計日單位更是出奇的大，考古學家已經知道的數值為：

20日	等於1維納爾	
18維納爾	等於1屯	等於360日
20屯	等於1卡屯	等於7200日
20卡屯	等於1巴克屯	等於14萬4000日
20巴克屯	等於1匹克屯	等於288萬日
20匹克屯	等於1卡拉布屯	等於5760萬日
20卡拉布屯	等於1金奇耳屯	等於11億5200萬日
20金奇耳屯	等於1阿拉屯	230億4000萬日

一個原始的農耕民族為何要發展出這麼大的數位？地球上所有的民族都用不到的，現代人也用不到，這麼大的數字只有一種學術會用到，那就是天文單位，只有從事太空旅行的人才會用到。

在此要瞭解一點，這些數學體系不是馬雅人發明的，而是他們的祖先外太空人已知道

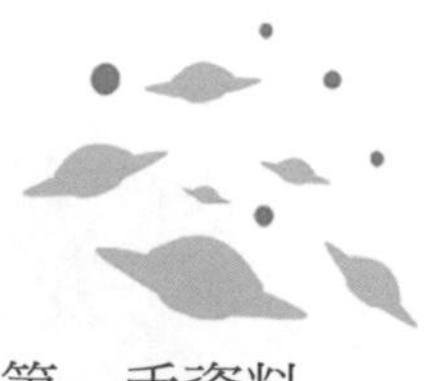

的數學，在地球上已失去使用價值，只不過經由一代一代的祭司或僧侶（更確切的說應是馬雅天文學家）維護保存下來，因此，馬雅人是外星人後裔的說法更得到了數字上的例證。

只有大廣場沒有道路

學者們對於馬雅文字的研究和解讀，前前後後大約花了五百年的時間，直到二次世界大戰後，獲得成功的只有數字、日、月、年的名稱而已。

六十年前，美俄兩國曾對馬雅文明付出不平凡的努力，研究了二五年，為的就是解讀馬雅文字。馬雅文字是由上往下書寫的，古蘇美文字和中文也是這種寫法，這三者之間有沒有關聯呢？是否在文字發展初期就是把馬雅書法當作範本來參考的？這是一個耐人尋味的問題。

最令考古學家不解的是馬雅人住在叢林中，卻未發展出運輸工具，也沒有道路，這是任何文明發展過程中不該有的現象，但，馬雅人的確如此。

這個充滿神秘的民族到底如何往來的？他們如何通過數公里沒有人跡的叢林，運送重達十噸以上的巨石塊？他們遍佈中美洲的各城市之間並沒有道路，如何維繫龐大的國度？如何傳遞資訊？

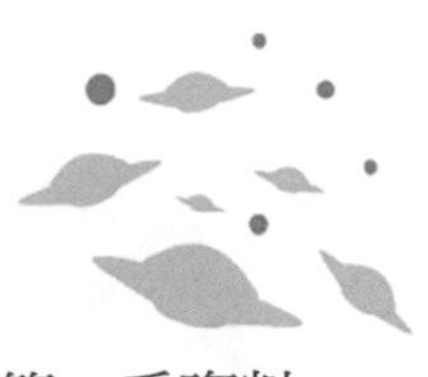

考古學家挖掘出帶有輪子的玩具，證明馬雅人知道「輪子」這東西，但並沒有運用到生活上，為什麼？是不是他們認為輪子太幼稚了？因為他們有更好的運輸工具！

當我們用地球傳統的觀念來思考的話，一定得不到答案。我們應該打破思考框架，往來各地除了在道路上用「走」的以外，還可以用「飛」的，不是嗎？因此只有將馬雅人「認真」的當作是外星人的後裔，才能得到清晰的答案，那就是：遠古時代來到地球的外太空馬雅人當然已發展出小型飛行器，於是車輛和道路都不需要了，只要在每個城市建有大型廣場可供降落就行了。

他們能輕易飛越綿延蒼鬱的叢林，往來位於中美洲的猶卡坦半島各處，所以，馬雅人的城市間沒有道路，只有很多大廣場，不就解答了為何各地都有大廣場、沒有道路、沒有車輛等三個謎題了嗎！

也許馬雅人已忘了地球。當年我坐在猶卡坦半島馬雅一號神殿頂部的臺階上，遠望四周極目叢林中突出的各個神殿，油然生起許多複雜情緒，在緬懷偉大的馬雅文明之時，想到當今地球文明的落後，更讓我深深體會到當今地球人的自大與無知。

不少地球人，都習慣以自己腦子裡裝的丁點破碎常識及所學狹隘知識來做為判斷一切事物的標準，對於自己不瞭解的事情，不是無心研究探討，就是一概視為怪力亂神而否認。

地球人說自己是萬物之靈，但從宇宙的尺度來看，其實和螻蟻一樣，並不高等，實在悲哀。

親臨馬雅文明聖地，讓我在浩瀚的宇宙神秘研究道路上增添了一項紀錄，叢林中的神殿使我感到自己十分渺小，使我更體會絕對不可自大，真正的謙虛才是偉大的。

數千年過去了，馬雅文明之謎仍舊未得到解答，學者們仍在孜孜研究，試圖為地球人找出馬雅的真相，然而……也許此刻馬雅人在他們自己的星球上傳述著祖先在遙遠的過去曾在地球上待過的遠古史跡；也許他們到過太多個星球，地球上的這一段經驗只不過是一大本宇宙史中的一小段而已；也許他們不斷開拓宇宙星球，早就忘了曾到過地球。

不管如何，對我而言，馬雅文明仍具吸引力的，一九八七年在神殿廣場中，我默默的想著：「我還要再來。」

但是我也知道來一趟實在不容易，或許沒有第二次機會，不過，內心總是有一些感觸。一直到二〇一五年八月，我有機會向一位教馬雅曆法的外國老師學習時，整個思緒又回到三十年前的馬雅遺跡現場，我又沉醉了。

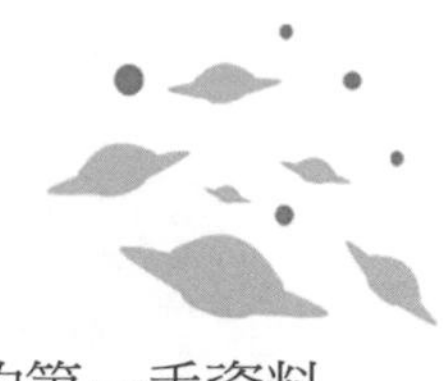

六、地球人呀，你從那裡來？

進化論說「人是從猿猴進化來的」，天主教和基督教說「人是上帝創造的」，佛經說「地球人是光音天的天人下凡的」，認為有飛碟的人說「地球人是外星人改造的」，也有人說「人是外星人豢養在地球上的」，到底，那個說法對？或統統都錯了？

追尋達爾文的足跡

一八三五年，生物學家達爾文來到加拉巴哥群島（Galapagos），看到每個小島間的生物，不論是鳥類、蜥蜴、象龜等，大都相同但也都有小異之處，達爾文疑惑了，開始思考，於是認為各島間生物的差異，是由於覓食環境的不同而產生的變化，回國之後，他提出影響生物界一百多年的「物種源始」假說。

一五二年後，一九八七年三月底到四月初，我和攝影師潘建宏先生來到加拉巴哥群島，這是台灣人第一次登上這個群島的紀錄。

五天的行程，靠著漁船一個島接一個島的穿梭，我經歷生平第一次如此長的漁船生活，吐得整個胃像被捏皺要翻過來的塑膠袋，也經歷了在赤道正下方，中太平洋群島上被熾陽燒烤的滋味，我們的雙腿被熾陽灼傷後，無法穿長褲，因為一碰就疼痛萬分。在這裡，我觀察著當地的各種生物，一面思考著達爾文的想法。同樣的觀察，卻產生不同的結論。

達爾文認為原本燕雀全是相同的，現在有些島上的燕雀的喙較大較短，其他島上的較長較尖，是因為牠們啄食種子、植物的不同，慢慢的，一代一代的，使喙部產生變化，才有今日各種大同小異的燕雀，在這過程當中，不能適應環境而不變化的燕雀會活不下去，這就是「天擇」，就是「適者生存」。

但我同樣觀察，卻產生懷疑，如果按照進化論所說，那麼長頸鹿是因為矮草吃光了，要伸長脖子去吃高處的樹葉，於是脖子愈來愈長。可是，當長頸鹿的脖子愈長，到河邊要低下頭喝水時，卻愈不方便，牠們要將雙腳分開如八字，降低高度，好讓脖子能碰到水面，此種巍巍顫顫的姿勢並不舒服，而且易受動物的攻擊，因此長頸鹿也可因為頸子長而滅種，反而是頸短的可以生存下來。

我跟隨達爾文的足跡之後，深深覺得他的觀點全然錯誤，這一位原不經科學嚴格檢視，以個人片面觀點，卻讓後世生物學家一廂情願的奉為「生物學聖旨」，實在不知如何形容那些信奉進化論的科學家。從此我對進化論的謬誤更加肯定，因此我堅信：地球人不是猿類進化來的！

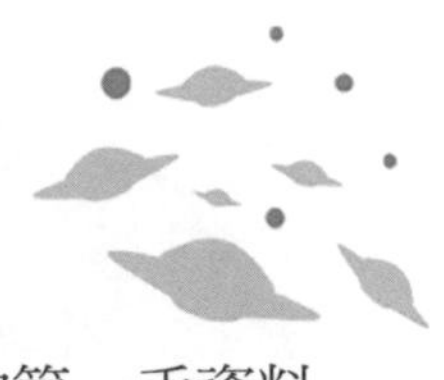

為何要相信進化論？

主張進化論的人說，高等動物是由低等動物進化而來，生物界全體的關係好比是一棵大樹，同出一源，低等的生物好比樹根，高等的種類好比樹枝，如此這般，進化是連續不斷的，漸漸改進的。這是生物學上有名的「進化樹」，如果真是這樣，從一種簡單低等生物進化到另一種複雜較高等生物，中間必須經過無數代具有微小差異的不同形態的生物。

但是到現在為止，考古學並沒有這樣的發現，任何種類的生物都是「各從其類」，找不到任何中間生物。

進化論說動物演化過程是這樣的：原始的單細胞微生物、多細胞微生物、海中低等生物、有殼生物、魚類、兩棲類、爬蟲類、鳥類、哺乳類、靈長類、猿、人類。

考古從來就沒有發現介於兩類之間的生物，那麼從一類進化到高的另一類，是如何慢慢進化的？考古學上說這些是「失落的環節」，其實根本就沒有這些環節，所以地殼中找不到，原本各類就是各自存在的才對。

進化論又認為，生物的基因基本上很固定，但偶然間會產生突變，會產生與上一代略異的個體，並且此種特性又可以傳給下一代，因此代代相傳，差異性就愈來愈大，因此突變就是進化論的證據。

然而，根據統計，九九％以上的突變都是不正常的、有害的、有缺陷的，甚至是致命的，並不是有益的、合適的、積極性的變化，而且突變後的個體常常在自然環境中活不久，所以生物的突變只是少數，不是多數，突變是退化而不是進化。

生物會有突變，然而也只是在大小、顏色等方面的改變，其基本構造仍無改變。例如蛇可以因突變而成為全身雪白的蛇、果蠅可以因突變而成為大型果蠅、烏龜可以因突變而變成花殼龜……然而不管如何突變，這些生物仍然是原來自己那一「種屬」，不會變成「高一等」的其他種屬生物。可見突變的說法是在自欺欺人。

物競天擇、自然淘汰、適者生存，這些進化論的金言，卻無法說明自然界中歷經數億年既不被淘汰也不再進化的許許多多生物，如鴨嘴獸、蠔、兔子、袋鼠、肺魚、鯨……太多太多了，家家戶戶都有的「蟑螂」，在地球上已存活五億年，比人類要長久很多，牠們為什麼不再進化？牠們一點用途都沒有，為什麼不被大自然淘汰？

恐龍在地球上橫行數億年，牠們並不是因違反物競天擇、自然淘汰、適者生存這些理論而滅絕的，要不是地球發生過被其他星體撞擊的大災難，今天恐龍仍然會橫行地球的。

美國哈佛大學動物學教授阿加西（Louis Agassiz）是上個世紀傑出生物學家，他說：「關於動物的起源，達爾文和他的附從者沒有給我們一點新知識……進化論實則與地殼岩層中的動物埋沒和分佈情況相衝突……高等的魚反而先有，低等的魚是後來才有……」

牛津大學達林頓（C. D. Darlinton）教授說：「達爾文主義首先是一個以自然淘汰來解釋進化的理論，最後成為一個可以隨意怎麼解釋都可的理論。」

當今美國不少州已立法，禁止學校再教進化論了，那麼我們為何還要頑固不化的抱著上個世紀的「假說」呢？進化論在科學地位上，從來不是「事實、定理、定律」，只是「假說」，悲哀的是，我們的教科書把它寫成一個已經證明的事實。我不禁要問：「一百多年來，是誰證明了進化論的？」

人：是人？還是獸？

今日生物學的分類法，將人與猿合併放在同一個超級家族科（super family）之中，其中分為人科和巨猿科，巨猿科包括有猩猩、長臂猿、黑猩猩、大猩猩等，人科包括生存的或是化石的人種。

進化論認為，在約八百萬年前，地球上才有人類的遠祖，即非洲小人猿；到了二百萬年前，才有略懂製造工具的原始猿人；到一〇萬年前，才有比較具人形的尼安德塔人（Neanderthal Man）；大約在三萬五千年前，尼安德塔人突然絕跡，同時出現克羅馬儂人（Cro-Magnon Man）。

這裡有兩點值得研討：第一，從一〇萬年前到三萬五千年前，這漫長的六萬多年，考古學家找不到逐步進化的中間證據，兩個階段像是突然躍進的，這些年代並不久遠，但就是沒有任何收穫。

第二，克羅馬儂人和現代人沒什麼差別，如果給他們穿上現代衣服，混在人群中在街上行走，沒有人能將他們分辨出來。

尼安德塔人是在法國挖掘到的化石，當時著名生物考古學家佛周（Rudolf Virchow）在研究標本後，認為那是普通現代人的頭骨，只是因風濕及佝僂病而導致變態的。

一九一二年，道森（Charles Dawson）在美國南部發現一種半猴半人動物的頭顱骨，轟動一時，因為這項發現是人猴同源的直接證據，隨即命名為「皮爾當人（Piltdown Man）」，並考證其年代約在二十萬至三十萬年前，所有的百科全書都記載此事件。

四十年後，科學家韋諾（J. S. Wiener）用氟的含量測定法發現那是騙局，是一個贗品，頭蓋部分是現代人的頭骨，下顎和牙齒是猿的，製造它的人曾用銼刀琢磨過，將之黏成一個頭顱，並用鉻鹽染成化石顏色。

這種考古界的大騙局不只發生一次，世界各國都發生過很多次，不少考古家一挖到任何一小片化石，一片不全的頭骨，或只是一顆牙齒，便迫不及待的給予命名，並胡亂說個年代，就大肆宣揚。這種先有見解，再尋找證據去硬湊的伎倆，完全不是嚴謹科學家應有的態度，但在人種考古學上卻是家常便飯。

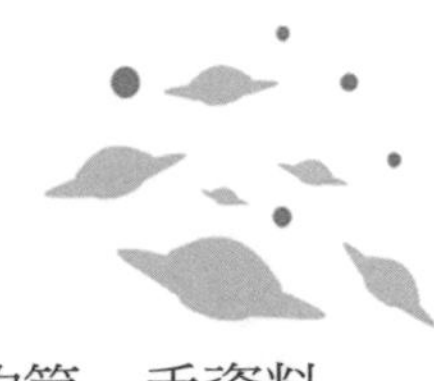

楊格（L. Young）所編的《人的進化》一書中說：「現存的猴與猿有一九三種，其中一九二種都是全身有毛的，只有一種例外，裸體無毛的稱為人。」這樣的現象完全不合邏輯，一九二分之一，沒有統計學上的分佈意義，也沒有任何擺得出來的證據，只是如此歸類一下，生物學家就信了。

我實在搞不懂，這些所謂生物學家為什麼硬是要將人類歸入猿猴的行列，這些人自己不想當人，還要全世界的人也不得當人，實在沒有道理，這些人實在是可憐又可笑。我相信，人就是人，不是動物，人是自成一類的，也許人的存在和猿有一點關係，但絕不是猿進化來的。那麼人是那裡來的？

西方神學上的說法

生物學的進化論和神學的創造論是人類來源的兩大說法，現在我們如果認為不是進化來的，那麼就來看看西方宗教的說法了。《聖經》上詳細的述說了上帝造人的過程，摘述如下：

一、神說，我們要照著我們的形象、按著我們的式樣造人，使他們管理海裡的魚、空中的鳥、地上的牲畜和全地，並地上所爬的一切昆蟲。

二、神就照著自己的形象造人，乃是照著祂的形象造男造女。神就賜福給他們，又對他們說，要生養眾多，遍滿地面，治理這地。

三、耶和華神用地上的塵土造人，將生氣吹在他鼻孔裡，他就成了有靈的活人，名叫亞當。

四、耶和華神在東方的伊甸園立了一個園子，把所造的人安置在那裡。

五、耶和華神說，那人獨居不好，我要為他造一個配偶幫助他。

六、耶和華神使他沉睡，他就睡了，於是取下他的一條肋骨，又把肉合起來。耶和華神就用那人身上所取的肋骨造成一個女人。領她到那人跟前，那人說這是我骨中的骨、肉中的肉，可以稱她為女人。

七、亞當給他妻子起名叫夏娃，因為她是眾生之母。

八、有一日，那人和他妻子夏娃同房，夏娃就懷孕生了該隱。……又生了該隱的兄弟亞伯。

九、該隱與妻子同房，他妻子就懷孕生了以諾。

十、當人在世上多起來，又生女兒的時候，神的兒子們看見人的女子美貌，就隨意挑選，娶來為妻。……後來神的兒子們和人的女子們交合生子，就是上古英武有名的人。

以上是用《聖經・創世紀》的片段來描述宗教上的造人，整個過程很清楚，但這裡有數個值得深入探討的地方。

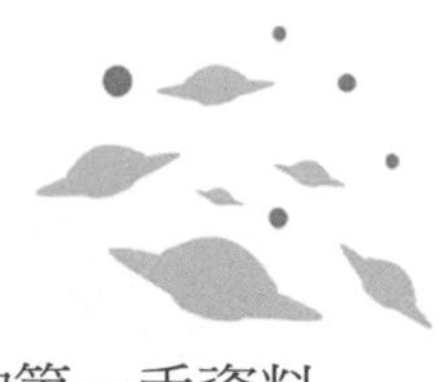

由第二點可以知道人是神按照自己的形象創造的，因此我們可以肯定，神就是現今我們地球人的樣子，但是聖經裡的上帝說：「我們要照著我們的形象、按著我們的式樣造人」，兩度提到複數的「我們」，從西方宗教信仰的角度來看，神上帝是唯一的、萬能的、無所不在的，所以長相應該和地球人不同，也不會提「我們」，那麼當時上帝是在和誰說話呢？

再者，第一個男人是由塵土造成的，原本沒有氣息，是神吹一口「氣」才有的。而女人是由男人的肋骨造出來的，不是神直接用塵土造的。為什麼神要這麼麻煩？直接捏兩個人，一個男的，一個女的，將他們各吹一口氣不是簡單了事嗎？

最令人不解的是，第十點提到「神的兒子們」，但是宗教信仰的上帝只有一個，聖經又沒有提到上帝有妻子，哪來的兒子們呢？因此，純西方宗教信仰的創造人類的說法得到了質疑，也無法圓滿解釋許多聖經上的不合理處。十多年來，英美許多聖經研究者都動搖了傳統的「你信就是了」的觀點，開始用另

外星人來過地球的證據!!

上帝駕駛飛碟

巴利・杜恩寧著 呂應鐘譯

GOD DRIVES
A FLYING SAUCER

一個詮釋法來解說聖經。

上帝是外星人指揮官

曾任美國航空太空總署科長的杜恩寧（Barry Dunning）在經過長期的研究之後，於一九六八年出版《上帝駕駛飛碟》一書，指出聖經中的「上帝神耶和華」其實是上古時代來到地球的外星太空船指揮官，「天使們」其實就是其他的外星太空人。

這個全新的觀點，著實引起西方世界宗教信仰上的一大風暴，對一些終生信奉上帝的教徒而言，毋寧是個重大打擊，要他們相信「虔誠信一輩子的上帝就是外星人」，實在會產生宗教崩潰。照理說，天主教界和基督教界可以動用占全球三分之一人口的教徒力量來攻擊此種褻瀆神明的說法，但是並沒這麼做，為什麼？

而且從那時起，不少人也都投入此種觀點的研究和論證，寫出了更多的書，甚至對聖經的起源提出更嚴厲的批判。時至今日，世界各國愈來愈多人相信上帝就是外星人，而且也成立不少宇宙考古協會之類的團體，用完整理論解答了聖經許多無法圓滿的章節。

例如：「我們要照著我們的形象、按著我們的式樣造人」這一句話，明顯就是外星人指揮官對全體外星太空人的指示，也由此可知我們地球人的模樣就和這一批外星人的長相一樣。這批外星人不是小綠人、不是電影中的 ET 形狀、不是大眼禿頭小嘴的樣子。

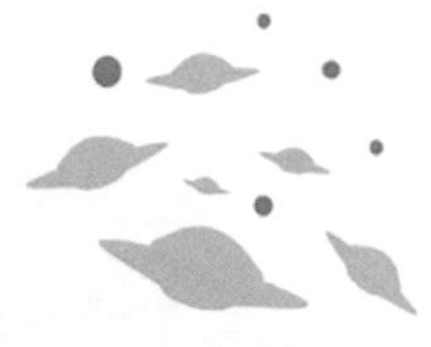

「神的兒子們看見人的女子美貌，就隨意挑選，娶來為妻」，就是說未婚的外星人及第二代外星人看到地球女子美貌的，就娶來為妻，他們結合所生的後代，就是星際混血兒，成了「上古英武有名的人」。

聖經裡也有很多不明發光體飛行和降落的描述，在我的著作《大啟示：聖經外星人實錄》一書中，對整部聖經從頭到尾有極清晰的重新演繹。

例如：「耶和華的天使來見摩西，在荊棘的火焰中」，這個火焰不會燒人，摩西也進了火焰裡面，因此「荊棘的火焰」就是發光的飛碟。摩西帶以色列人出埃及，「日間耶和華在雲柱中領他們的路，夜間在火柱中光照他們，使他們日夜都可以行走，日間雲柱、夜間火柱，總

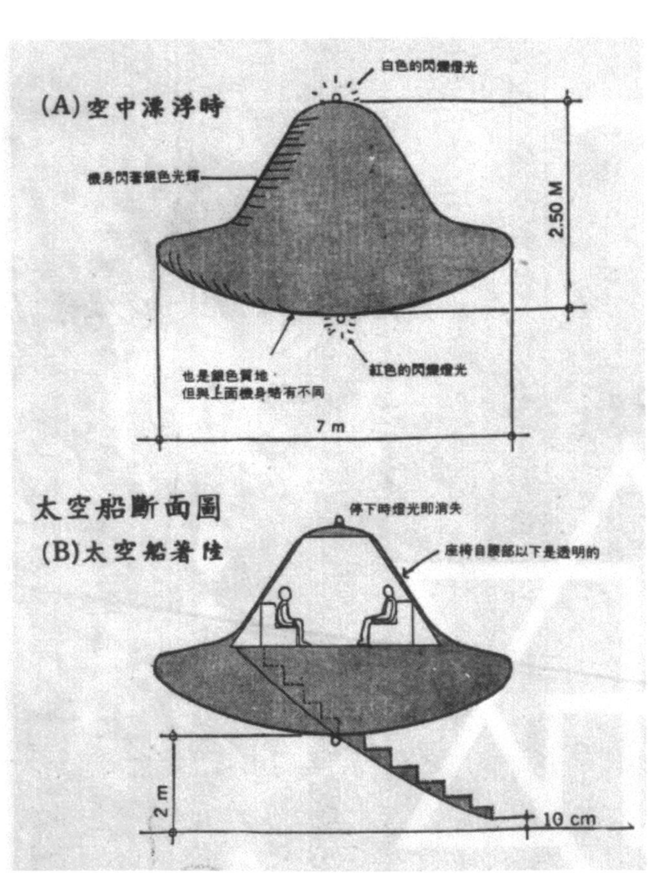

不離開百姓的面前」，如果將「日間雲柱、夜間火柱」改為白天不發光、夜間發光的長柱形太空飛船，這一段描述不是變得一淸二楚了嗎！

「耶和華對摩西說，我要在密雲中降臨到你那裡」、「西乃山全山冒煙，因為耶和華在火中降於山上」、「耶和華的榮耀停於西乃山」、「他從雲中召見摩西，耶和華的榮耀在山頂上，在以色列人眼前，形狀如烈火，摩西進入山上雲中」、「耶和華的榮光就充滿了帳幕」等等句子中的「密雲、火中、榮耀、雲中、榮光」，若改用「發光飛碟」的新觀點來重讀，整個文句不是顯得通俗明白嗎！

此種例子太多了，整部聖經都有，可見改用外星人的角度來詮釋聖經，完全可以把二千年來神學家無法解釋的異象，很自然很圓滿的統統解釋淸楚，且能融會貫通，難怪有思考力的現代人能接受此種觀點，而成為強有力的學派了。

用高科技的方法造人

既然上帝就是外星人，那麼他們如何製造地球人？

一九七三年十二月十三日，一位法國記者克勞德・伏里洪（Claude Vorilhon）受某種不知名的感應，駕車前往法國克墨孟菲火山，在那兒他看到濃霧中出現一個紅光，緊接著一個扁平外形的飛碟降落在他前方，走出來一位身高約一二〇公分穿緊身綠色飛行裝的

人，頭部周圍籠罩著不可思議的光芒。

這位外星人說他就是耶和華！並交代克勞德：「你必須向人類說出我們的由來，及我們身分的真相，……你務必記下我告訴你的一切，並編印成書出版。」

外星人賜給克勞德一個名字「雷爾（Rael）」，意指使者。從此，世界上多了一個聖經外星人的傳播團體。

雷爾在一九八三年春來到台灣找我，曾安排他在臺北天文臺演講「我到過外星球」，當時皇冠出版社社長平鑫濤先生贊助活動費二萬元，經雷爾授權，在當年六月由皇冠出版他的第一本著作，書名也是《我到過外星球》，

另一本是《外星人啟示錄》。

依雷爾得自耶和華所言，他們是用「細胞培育複製」的高科技方法造人的，只要從人體上取下一個細胞便能重新造一個人。

雷爾在那一個星球上親眼看到造人的過程：看到一種淺藍色的液體中，人類骨架的形狀依稀在成形，這些骨骸的形狀愈來愈清晰，終至變成一副真骨架，然後神經脈絡分明，附在骨骼上，繼而肌肉、皮膚、毛髮也相繼披覆其上，終於一個優秀壯碩的人體躺在那裡，不久此人就走出來了。

宇宙人與聖經的故事
我到過外星球
CLAUDE VORILHON原著
臺灣不明飛行物研究會譯・呂應鐘主編

耶和華對雷爾說：「我們要在你額頭上採些物質。」於是一個機器人走向雷爾，用一個類似針筒的儀器在他的額上刺了一下，輕微得幾乎沒有感覺，然後將注射筒插入大型製造機裡，再按一些按鈕，同樣的造人過程之後，雷爾看到另一個「他」漸漸成形，然後一

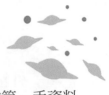

個活生生的人自機器中走出來。

耶和華說：「你看，這是另一個你……自人的眉宇間取得一個細胞樣本，就能製造出一個完整的複製人來，不但有記憶、個性，而且有特徵，若把另一個你送回地球，也不會有人發現什麼異狀，等一會兒我們會將這複製人毀掉，它對我們沒什麼用處。」

耶和華對雷爾說：「當初我們到地球創造生物時，剛開始製造簡單的生物，然後再改進生態環境的改造技術，爾後再創造魚類、兩棲類、哺乳類、鳥類、靈長類，再來是人類，而人類是唯一由猿猴改進的範本，我們在猿猴身上加進了一些造成人類的因數。」這就是高科技的外星人所用的方法。

另一種造人的方法

一九九四年五月一五日我到北京時，中央工藝美術學院馬淩寰副教授帶給我一本書，書名《人是太空人的試驗品》，作者為首都師範大學李衛東博士，由於我一七日就要返台，無法和李衛東約見面，只有先利用在機場及飛機上的時間閱讀。李博士的這本書引經據典，運用極多的資料，從上古宗教、神話、傳說、巫術、及現代考古發現，用他宏博的學識、嚴謹的科學方法，勾勒出人類生命源頭的縱影與變遷，提出自己的觀點：

「大約五萬年前，一批外星人來到地球，他們發現地球引力因素不適合自己居住，便運用先進的遺傳基因科學，選擇地球上精力旺盛和智力較高的雌猿，以及狼、海洋生物，從牠們身上取出遺傳基因，將這些基因進行分離、剪切、組合、拼接，然後創造出新物種，就是地球上的人類。」

這個說法有其道理，因為人體的確可以找到許多其他生物的特性，我們有猿猴的模樣，個性中的自私狡猾貪婪像狼，人體七〇％是水分像水生生物，人的皮膚光滑像海豚，陸上靈長類都沒有皮下脂肪，人有皮下脂肪，這像水生動物，所有的陸生動物都有精細鹽分攝取機能，一旦缺鹽就會影響生理活動，但人類卻和水生動物一樣，對鹽需求不多，且通過汗腺將鹽分排出。

作者說：「我們不知道人類身上有多少種動物的遺傳基因存在，也許還有某些外星人的特徵。」

沉思

的確，數千年來，人類的由來一直困擾著科學家。時至今日，宇宙科學家也認為地球上的生命來自外太空，而且有愈來愈多的跡象顯示，人類確實不同於其他動物。

老子說：「道生一，生二，生三，生萬物。」「萬物」是由「道」演化出來的，那麼「道」又是什麼？也許他的意思是說：製造生物的高科技方法稱為「道」，用

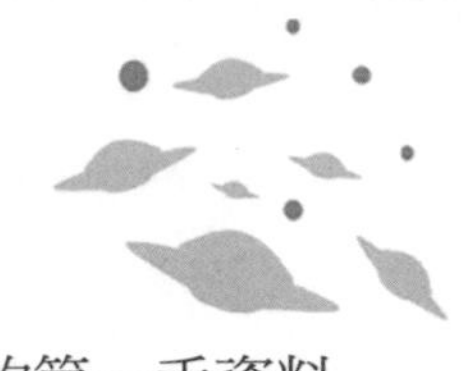

這種方法造一樣、造二樣、造三樣，最後造了很多樣，就成為萬物。（這一句的斷句與通行本道德經不同，請參閱拙作《老子不為（四聲）》一書。）

老子又說：「道之為物，惟恍惟惚。惚兮恍兮，其中有象。恍兮惚兮，其中有物。窈兮冥兮，其中有精。其精其真，其中有信。」

也許他說的就是：「道這種製造生物的高科技方法，很深奧很難懂。為何難懂深奧？因其中包含著設計原理（象）。為何深奧難懂？因其中涉及使用的細胞（物）。為何過程複雜？因為要使生物有靈氣（精）。要做到有靈氣又有實體，必須要有一整套製造程式（信）。」

在這裡，我將老子的文句賦予這種製造生物的解釋，是人類文明史上空前的，但有誰能說我這樣的詮釋錯了呢？也許，人類在讓望向宇宙尋找自己的起源之時，應該回過頭來從古籍中尋找。

篇四：幽浮研究必要的思維進程

一、我們要如何思考

到底有沒有幽浮？這是數十多年來很多地球人在問的問題，也是迄今仍無法得到最終解答的謎題。雖然有一半以上地球人相信幽浮外星人的存在，但也有不少人堅決不相信。

有人認為幽浮是科學課題，應該用嚴謹的科學理論來求得解答。但是我們不要忘記在科學史上曾經發生過許多次當時的科學想法被日後的發現而推翻。

例如，在十六世紀以前，長達一千四百多年的天文學認為地球是宇宙的中心，在那期間有腦筋較先進的先哲提出地球不是宇宙中心的看法，或認為天上有很多類似太陽的恒星，卻被當做異端邪說受迫害，甚至失去生命。此種頑固物質科學理論迫害先進思想的例子，在每個世紀都曾發生過，上個世紀也不乏實例。

幽浮現象是否也會面臨此種困境？也就是說，被現行物質科學講求證據的固執思想認為幽浮是不可能又極不科學而嘲笑，因為到目前為止，幽浮還沒有得到科學證明。

這是一個看似科學卻極違反科學精神的觀念，因為當今有限的科學理論並非地球人類科技文明的最高峰，任何人都知道二十一世紀的科技一定比二十世紀還要進步，一定會有更多的新科學理論提出，那些都是以前不知道的領域。

就如同清朝以前的地球人不知道日後會發明飛機、電腦、太空船、手機等科技產品一樣，今日的地球人又如何用今日的科學為基礎，來想像一百年後甚至一千年後，地球人會進步到何種程度？這當然做不到。

何況西方幽浮目擊事件的人士不乏高級知識份子，如前美國卡特總統、發現冥王星的天文學家湯波、美蘇極多位太空人、警官、一些科學家等人，聯合國也曾經通過提案呼籲研究幽浮，再加上本書所列五千年來的史料，全是無法用天文理論和天文現象來解釋。

諸如此類的事實，又如何能故意被避而不談？因此今日嚴守科學理論的保守人士又有何種理由來嘲笑幽浮的研究、或否定它的存在？

本書運用天文理論及天文現象之合理性，對古書諸多記載做全盤式的研考，將每一則之非自然性狀況提出說明，讀者應能從書中體會出本書的結論，就是在有文字記載的歷史中，幽浮現象已經被古人在正史中記錄下來了，這是不容否認與忽視的事實，這些珍貴史料將人類幽浮目擊經驗往前推五千年，這樣的事實應該正視而加以探討研究。如果仍是一昧的否認，就太缺乏理性與科學精神了。

由本書的探討、詮釋、印證，已無法再否認幽浮現象，這是必然的趨勢。接著而來的是地球人應該思考要用何種心態看待幽浮？尤其是在二十一世紀，更有一些必須深入思索的主題。

二、研究幽浮的重要態度

二〇〇二年六月中，台灣若干報紙根據路透社十九日電，報導阿根廷偏遠的大彭巴草原，數星期以來，已有至少七十隻動物慘死，死亡狀況很離奇，牠們被支解分屍，有些動物的生殖器和舌頭有著手術般的切口，牠們躺在焦黑的牧草中，血還被吸乾。有匹馬的蹄子還被畫上一個圓圈。有些人認為是外星人的傑作。

部分彭巴省居民聲稱，他們在一個動物慘死的地點附近，看到夜空中出現亮光。住在彭巴省首都聖羅沙北邊的農民菲立普說：「這件事確實超乎常理，一定是從地球以外來的東西；從母牛臀部一個像燒焦的切口中取出內臟，十分不可思議。」

這件報導扯上外星人，一些媒體曾經問我的看法，當時一家廣播電臺用電話 call out 訪問我，我就說不能光憑這樣簡單的報導就認定這是外星人的傑作，必須有更多的資料才可以，而且也「不可以凡是一時說不清的事件就統統歸於外星人。」

我從一九七五年開始研究幽浮，一向抱持嚴謹的態度，個人絕對相信宇宙中有外星人有飛碟，但是絕不會信口雌黃的將任何一時奇怪的事說成確鑿的幽浮事件。就像多年以前，長江三峽船隻上拍到不明光體的事件，台灣有位狂熱的幽浮報導者大言不慚的說那是幽浮。但是在我看到照片時，一眼就瞧出那是船艙內的罩式燈泡經過窗玻璃的反射，映在水面上的倒影。

因此我在接受電臺訪問時，就斬釘截鐵的分析那絕對不是幽浮，而是船內燈罩的反射。事後，經過大陸幽浮界人士分析調查，果然就是如此。

所以，不能因為絕對相信外星人幽浮的存在，就將任何奇怪事件說成是幽浮，這樣的態度對幽浮研究不具正面意義，反而產生反效果，讓不相信的人有藉口批評我們喜歡胡說八道。

就以這次阿根廷死牛事件為例，經過半個月，阿根廷動物和農業食品衛生檢測局和阿根廷國立中部大學於七月一日發佈了聯合調查報告，確認近來一些省份發現死牛身上的奇怪傷口並非外星人或其他超自然力量所為，而是一種學名叫 Oxymycterus 的老鼠咬的。

專家經過對三十頭死牛的現場勘察和實驗室分析，確認這些牛都是死於肺炎、腫瘤等疾病，在這個季節是很正常的事，化驗分析也沒有發現此牛體內有殘存麻醉劑，從而排除了有人故意將牛迷倒然後切割其器官的可能性，原先關於邪教的推測也被排除。

至於那些「奇怪的」傷口，專家們確認主要是那種老鼠咬的，他們甚至在現場碰到了這些正在美餐的老鼠並拍攝了下來。這種老鼠毛色發紅，嘴巴尖長，專吃動物屍體，另外也發現有狐狸和食腐肉鳥類的參與。在記者招待會上，檢測局局長卡耐明確指出，這件事同綠色小矮人和幽浮沒有任何關係。至此，外星人光顧阿根廷的事件終於可以告一段落

了。

因此幽浮研究涉及一些理念與態度的問題。不少人問我：「相不相信有幽浮外星人？」我都肯定地回答：「什麼時候了，還問這種幼稚的問題。」

我的理念是：宇宙中絕對有外星人，而且外星人有很多很多種，也絕對有比地球人文明科技高很多的外星人，有些（不是全部）外星人曾經在過去來過地球，開創很多次的地球文明，地球人絕對和外星人有關。

我的前瞻理念雖然不能用現在的科學理論來證明，不表示就不科學，然而我們也不可以用輕率的態度、信口開河的將任何一時奇怪的事件統統說成是外星人的傑作。這樣才是正確的幽浮研究態度。

三、體會二十一世紀的時代意義

自從法國哲學家笛卡兒在十七世紀中葉提出二元論哲學，將流傳數千年來的「心物合一」思想徹底打破，從此「精神」與「物質」被嚴格分開。數十年後，英國科學家牛頓建構出萬有引力理論，由其學說發展出來的宇宙概念認為物質是宇宙的基礎，從此，牛頓力學就被用來判斷一切現象的科學標準。

到了十九世紀中葉，唯物思潮興起，在此邏輯下，二十世紀的科學走向極端物質的層面，完全否認精神現象的本質，認為所有人類精神面的意識、智力、倫理、藝術、宗教，都只是大腦的作用而已。此種思想主導了科學界朝物質化、粒子化、儀器化的發展路線，加上統計科學在二十世紀中葉的興起，更加主導學術界以「量化」做為學術研究的主要方法，於是，心理問題、教育問題、宗教社會現象、思維問題等都朝向設計「量表」來定於一尊，完全忽略了人文思想精神面向的差異性與內在性。

三百多年來，就是此種「物質觀」主宰著人類的所有思維與發展，西方唯物科學就以年輕且傲慢的態度來否認古代流傳數千年的智慧，以及所有非物質理論可證的現象，幽浮事件就是深受其害的物件之一。

然而二十一世紀的地球將邁向「心物合一」的時代，二十世紀舊的物質科學將被嶄新

的心靈科學取代，人類將熱衷「心靈能」的開發，建立全新的心物合一學理，在這之前地球會發生觀念上的大改變，淘汰思想僵化、素質不夠的地球人，其中自認為是高級知識份子的思想頑固的人會無法適應未來的時代而面臨末日。

西洋占星術理論認為人類大約每二千年就會進入一個新的世紀，本次正確的年份是二一五一年，因此現在我們正從雙魚座進入寶瓶座的前夕。

占星術認為天王星、海王星、冥王星溫度極低，這三顆星的會合週期代表人類的冬天，也就是低潮時期，目前這個低潮是從一九六二年初葉日月五星聚於寶瓶座起算。一九九七年起天王星與木星會合於寶瓶座，一九九八至二〇〇三年是海王星與天王星會合，因此一九九七-二〇一二年之間會有極多災難。

接著地球文明將進入寶瓶座時代，寶瓶座是蘊涵著「光、愛、和平」力量的時代，代表文明高度進化與真誠正義，因為寶瓶的性質是高頻、高能、放光，因此也將是一個金色時代。是心靈精神文明發展的新時代。

不過，這個階段的地球本身也會產生磁化現象，因此溫度會提升，造成氣候嚴峻，天災會增多，事實上，這些都是自然現象，是宇宙在收回不適留在地球上的人類與動物。

因此幽浮研究不能只停留在目擊事件的解析，必須深入瞭解外星人在未來地球發展中所扮演的角色，這就必須用高層意識的溝通方能做到，也因此幽浮研究必須具備新時代的思維，而不是只停留在物質的幽浮層面。

四、這些人物的UFO報告不容忽視

美國前總統吉米卡特（Jimmy Carter）於一九六九年當時還是喬治亞州州長時，就目擊過幽浮。

在競選總統時還說：「如果成為總統，將把UFO資料公諸於世。我確信UFO的存在，因為我曾經見過…」

美國有多位總統都說過在任時要公開幽浮資料，但是卻沒做到，包括歐巴馬總統也是，或許是政治壓力，或許是外星人的警告。我們也不用對他們的食言覺得如何。

這就是卡特總統的親筆目擊報告。

International UFO Bureau
In Cooperation With Canadian UFO Report Magazine
P. O. Box 1281
OKLAHOMA CITY, OKLAHOMA 73103

SIGHTING FORM
A-UFO REPORTS

1. NAME Jimmy Carter PLACE OF EMPLOYMENT
ADDRESS State Capitol Atlanta OCCUPATION Governor
EDUCATION Graduate
SPECIAL TRAINING Nuclear Physics
TELEPHONE 404-656-1776 MILITARY SERVICE US Navy
2. DATE OF OBSERVATION Oct 1969 TIME AM PM 7:15 TIME ZONE EST
3. LOCALITY OF OBSERVATION Leary, Georgia
4. HOW LONG DID YOU SEE THE OBJECT? HOURS 10-12 MINUTES SECONDS
5. PLEASE DESCRIBE WEATHER CONDITIONS AND THE TYPE OF SKY; I.E., BRIGHT DAYLIGHT, NIGHTTIME, DUSK, ETC. Shortly after dark
6. POSITION OF THE SUN OR MOON IN RELATION TO THE OBJECT AND TO YOU. Not in sight
7. IF SEEN AT NIGHT, TWILIGHT, OR DAWN, WERE THE STARS OR MOON VISIBLE? Stars
8. WERE THERE MORE THAN ONE OBJECT? No IF SO, PLEASE TELL HOW MANY, AND DRAW A SKETCH OF WHAT YOU SAW, INDICATING DIRECTION OF MOVEMENT, IF ANY.
9. PLEASE DESCRIBE THE OBJECT(S) IN DETAIL. FOR INSTANCE, DID IT (THEY) APPEAR SOLID, OR ONLY AS A SOURCE OF LIGHT; WAS IT REVOLVING, ETC? PLEASE USE ADDITIONAL SHEETS OF PAPER, IF NECESSARY.
10. WAS THE OBJECT(S) BRIGHTER THAN THE BACKGROUND OF THE SKY? Yes
11. IF SO, COMPARE THE BRIGHTNESS WITH THE SUN, MOON, HEADLIGHTS, ETC. at one time as bright as moon
12. DID THE OBJECT(S) -- (PLEASE ELABORATE, IF YOU CAN GIVE DETAILS.)
A. APPEAR TO STAND STILL AT ANY TIME? Yes
B. SUDDENLY SPEED UP AND RUSH AWAY AT ANY TIME?
C. BREAK UP INTO PARTS OR EXPLODE?
D. GIVE OFF SMOKE?
E. LEAVE ANY VISIBLE TRAIL?
F. DROP ANYTHING?
G. CHANGE BRIGHTNESS? Yes
H. CHANGE SHAPE? Size
I. CHANGE COLOR? Yes
Seemed to move toward us from a distance, stopped, moved partially away, returned, then departed. Bluish at first, then reddish, luminous, not solid.
13. DID THE OBJECT(S) AT ANY TIME PASS IN FRONT OF, OR BEHIND OF, ANYTHING? IF SO PLEASE ELABORATE GIVING DISTANCE, SIZE, ETC, IF POSSIBLE. No
14. WAS THERE ANY WIND? No IF SO, PLEASE GIVE DIRECTION AND SPEED.
15. DID YOU OBSERVE THE OBJECT(S) THROUGH AN OPTICAL INSTRUMENT OR OTHER AID, WINDSHIELD, WINDOWPANE, STORM WINDOW, SCREENING, ETC? No WHAT?
16. DID THE OBJECT(S) HAVE ANY SOUND? No WHAT KIND? HOW LOUD?
17. PLEASE TELL IF THE OBJECT(S) WAS (WERE) --
A. FUZZY OR BLURRED.
B. LIKE A BRIGHT STAR.
C. SHARPLY OUTLINED. ✓

必須再提的是發現冥王星的天文學家湯波博士（Clyde Tombaugh），他也曾在一九五七年九月十日簽署在一九四九年八月目擊幽浮的報告，並說還有他的妻子與岳母也見到幽浮。

他說：「它們無聲，我有過數千小時夜空觀測的經驗，卻沒有見過如此奇異的事。」底下是湯波的親筆報告。

發現冥王星的天文学家湯波博士

天文学者 トンボー教授の聲明文とスケッチ

AN UNUSUAL AERIAL PHENOMENON
by
Clyde W. Tombaugh

I saw the object about eleven o' clock one night in August, 1949, from the backyard of my home in Las Cruces, New Mexico. I happened to be looking at zenith, admiring the beautiful transparent sky of stars, when suddenly I spied a geometrical group of faint bluish-green rectangles of light similar to the "Lubbock lights". My wife and her mother were sitting in the yard with me and they saw them also. The group moved south-southeasterly, the individual rectangles became foreshortened, their space of formation smaller, (at first about one degree across) and the intensity duller, fading from view at about 35 degrees above the horizon. Total time of visibility was about three seconds. I was too flabbergasted to count the number of rectangles of light, or to note some other features I wondered about later. There was no sound. I have done thousands of hours of night sky watching, but never saw a sight so strange as this. The rectangles of light were of low luminosity; had there been a full moon in the sky, I am sure they would not have been visible.

Clyde Tombaugh
Sept. 10, 1957

N W E S

美國太空人高登古柏（Gordon Cooper）於一九七八年，曾經寫給聯合國一封信，談及他自己的幽浮接觸經驗，這封信曾經被無數的書籍與雜誌刊載過。

一九七八年十一月二七日聯合國第三三屆大會第一二六議題，格瑞那達提議「聯合國設立一個機構或一個局，負責進行和協調對UFO及有關現象的研究工作，並負責發佈所取得的成果」。

大會決議文說：「鑒於世界各國人民對不明現象和有關現象日益關注，鑒於這些現象

WED ENTERPRISES • A Division of Buena Vista Distribution Co., Inc., subsidiary of Walt Disney Productions

GORDON COOPER
Vice President
Research and Development

November 9, 1978

Ambassador Griffith
Mission of Grenada to the United Nations
866 Second Avenue
Suite 502
New York, New York 10017

Dear Ambassador Griffith:

I wanted to convey to you my views on our extra-terrestrial visitors popularly referred to as "UFO's", and suggest what might be done to properly deal with them.

I believe that these extra-terrestrial vehicles and their crews are visiting this planet from other planets, which obviously are a little more technically advanced than we are here on earth. I feel that we need to have a top level, coordinated program to scientifically collect and analyze data from all over the earth concerning any type of encounter, and to determine how best to interface with these visitors in a friendly fashion. We may first have to show them that we have learned to resolve our problems by peaceful means, rather than warfare, before we are accepted as fully qualified universal team members. This acceptance would have tremendous possibilities of advancing our world in all areas. Certainly then it would seem that the UN has a vested interest in handling this subject properly and expeditiously.

I should point out that I am not an experienced UFO professional researcher. I have not yet had the privilege of flying a UFO, nor of meeting the crew of one. I do feel that I am somewhat qualified to discuss them since I have been into the fringes of the vast areas in which they travel. Also, I did have occasion in 1951 to have two days of observation of many flights of them, of different sizes, flying in fighter formation, generally from east to west over Europe. They were at a higher altitude than we could reach with our jet fighters of that time.

I would also like to point out that most astronauts are very reluctant to even discuss UFO's due to the great numbers of people who have indescriminately sold fake stories and forged documents abusing their names and reputations without hesitation. Those few astronauts who have continued to have a participation in the UFO field have had to do so very cautiously. There are several of us who do believe in UFO's and who have had occasion to see a UFO on the ground, or from an airplane. There was only one occasion from space which may have been a UFO.

NOV 15 1978

If the UN agrees to pursue this project, and to lend their credibility to it, perhaps many more well qualified people will agree to step forth and provide help and information.

I am looking forward to seeing you soon.

Sincerely,

L. Gordon Cooper
Col. USAF (Ret)
Astronaut

LCC:jm

United Nations
GENERAL
ASSEMBLY
THIRTY-THIRD SESSION
*Official Records**

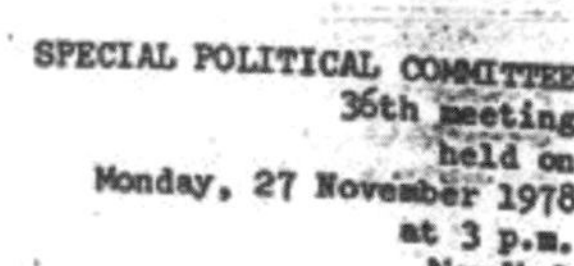
SPECIAL POLITICAL COMMITTEE
36th meeting
held on
Monday, 27 November 1978
at 3 p.m.
New York

SUMMARY RECORD OF THE 36th MEETING

Chairman: Mr. PIZA-ESCALANTE (Costa Rica)

CONTENTS

AGENDA ITEM 126: ESTABLISHMENT OF AN AGENCY OR A DEPARTMENT OF THE UNITED NATIONS FOR UNDERTAKING, CO-ORDINATING AND DISSEMINATING THE RESULTS OF RESEARCH INTO UNIDENTIFIED FLYING OBJECTS AND RELATED PHENOMENA (continued)

在世界各國不斷地出現而引起人們的注意，同時又看到一些國家的政府、一些科學家、研究人員和教學機構已經對這些現象開始研究，因此建議……（列出六點）。」

雖然到現在，聯合國都沒有認真看待此事，但不容否認，幽浮現象實在太過離奇，確實引起各國的關注。

我不想再列舉更多的實際資料了，到現在，還需要爭論幽浮是不是真的嗎？

五、幽浮研究的思辨與前瞻思考

本文發表於一九九九年湖南長沙中南大學《湖南省UFO學術發表會》。

台灣中央研究院李遠哲院長於一九九五年十一月一日在臺北科技大學演講時，不客氣的批評指出，國內教育制度仍存有一千年前科舉制度的想法，至今許多學校也只會培養會考試的人，未必能訓練出會解決問題的人。而且我們的大學教育最大盲點是分科太細，好像停留在一九世紀。各校應鼓勵學生修讀跨學系學程，以豐富自己的知識。

這種看法其實很多人也提過，對國內教育應如何改進，不少憂國之士也曾為文過。一九九六年我在南華大學通識課程中就已經給同學一些與李院長相同的建議，曾提出「現代教育製造不會思辨與前瞻的人」的課題，指出弊病在於：（一）學門分科太細；（二）美式教育無法培養傳道、授業、解惑兼具的大儒；（三）僵化的師資規定與教育制度。

第二點指出目前的大學老師只會做授業工作，也就是傳授專業知識，少有人有能耐做解惑，更不用談傳道（傳宇宙、人間真正的道理）了。因為此種現象是出於第三點「僵化的師資規定與教育制度」，這是無法立即改善的，只好因循下去。

依著李院長的觀點，我提出需要大家用思辨與前瞻的方式去思考幽浮事件的五個論題，透過這些論題讓大家有深入的思考，然後產生超世紀的二個前瞻觀點，亦即「幽浮學」

與「超心理學」的未來看法，我相信此二學問將來必有助於人類整體的發展。

論題一、勾踐的鍍鉻高科技

一九九四年三月一日，秦始皇兵馬俑二號坑正式開始挖掘，除銅矛、銅弩機、銅鏃、殘劍外，還發現一批青銅劍，長度為八六公分，劍身上共有八個棱面。考古學家用游標卡尺測量，發現這八個棱面誤差不足一根頭髮絲，已經出土的十九把青銅劍，劍劍如此。這批青銅劍結構緻密，劍身光亮平滑，刃部磨紋細膩，紋理來去無交錯，它們在黃土下沉睡了二千多年，出土時依然光亮如新，鋒利無比。

科研人員測試後發現，劍的表面有一層十微米厚的鉻鹽化合物。這一發現立刻轟動了世界，因為這種「鉻鹽氧化」處理方法，是近代才出現的先進工藝，德國在一九三七年，美國在一九五〇先後發明，並申請了專利。事實上，關於鉻鹽氧化處理的方法，絕不是秦始皇時代的發明，早在春秋戰國時期，中國人就掌握了這一先進的工藝。

因為幾年前，一支考古隊在挖掘春秋古墓時，意外發現

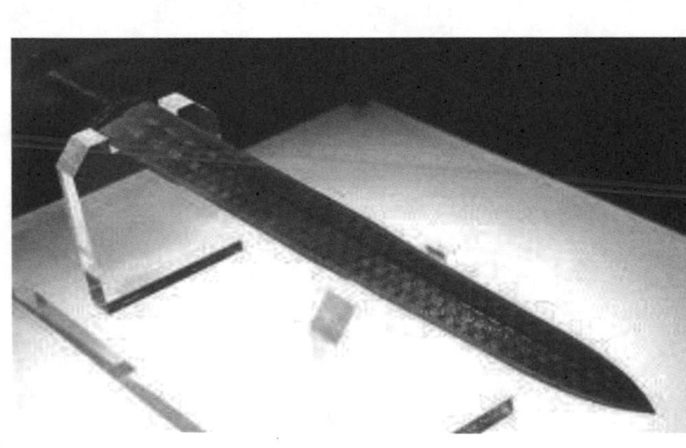

了一把沾滿泥土的長劍，劍身上一行古篆「越王勾踐自用劍」，更加轟動的消息卻來自對古劍的科學研究報告。

最先引起研究人員注意的是：這柄古劍在地下埋藏了二千多年為什麼沒有生銹呢？為什麼依然寒光四射、鋒利無比？通過進一步的研究發現，「越王勾踐劍」千年不鏽的原因在於劍身上鍍上了一層含鉻的金屬。

鉻是一種極耐腐蝕的稀有金屬，地球岩石中含鉻量很低，提取十分不易。再者，鉻還是一種耐高溫的金屬，它的熔點大約在攝氏四千度。由此我們應該思考：為何越王勾踐時期就有了二十世紀才有的科技水準？

論題二、秦朝的形狀記憶合金

在考古人員清理秦皇一號坑的第一過洞時，發現一把青銅劍被一尊重達一五〇公斤的陶俑壓彎了，其彎曲的程度超過四五度，當人們移開陶俑之後，令人驚詫的奇蹟出現了：那又窄又薄的青銅劍，竟在一瞬間反彈平直，自然恢復。

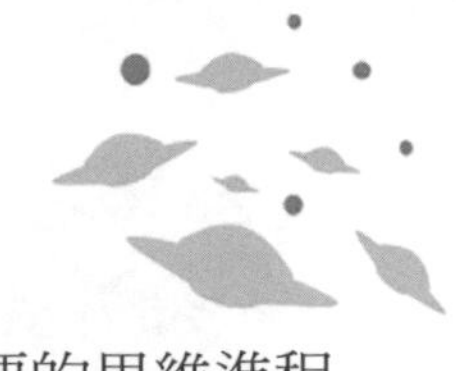

當代冶金學家夢想的「形狀記憶合金」，竟然出現在二千多年前的古代墓葬裡。而本世紀八十年代的科技文明，竟然會出現在西元前二百多年以前？由此我們應該思考：有誰能想像秦始皇的士兵手裡揮舞的長劍，竟然是現代科技高超的傑作？

論題三、進化論愈來愈不值得相信

法國生物學家雷米夏文發表〈達爾文主義：一個神話的破滅〉一文，提出達爾文在一八五九年發表《物種起源》，提出 Theory of evolution（進化論，演化論）至今，科學家非但無法繼續發揚這個理論，還開始懷疑這個理論的真實性。

譬如生活在深海中的章魚和烏賊，其生活環境中一片漆黑，這裡大部份的魚類也都盲目，卻生活得很自如；但是章魚和烏賊的眼部構造，又和人類的眼睛雷同，啟人疑竇的是，在漆黑的環境裡，擁有一雙亮眼有什麼作用？而且生活環境相同，為什麼會產生兩種完全不同的適應法呢？可見為了順應環境所強調的「適者生存」理論，並不一定成立。

又如寄生在羊肝中的肝吸蟲，母蟲每次產一五〇〇萬個卵左右，卵會隨著糞便排出，這時必須有一種蝸牛爬過，卵附著上蝸牛，經由蝸牛移生於植物上，再由羊只吃下植物，回到羊肝中繁殖。在此過程中，一五〇〇萬個卵大約有十多個卵能存活，這種繁殖過程早該在物競天擇中被淘汰掉，但是肝吸蟲幾百萬年來·都是用相同的方法繁殖。

一九八七年我去中美洲馬雅地區時，同時也赴達爾文當年去過的加拉巴哥群島。Galapagos 就是照片中的象龜。

生活在澳洲樹上的樹獺，行動非常緩慢，排泄時必須爬到地上來，雖然它在土地上的排泄有助於增加樹木的養份，但是由於它行動緩慢，地面上的捕食者很容易得逞。為了排泄，冒生命危險，按照物競天擇的說法，早就該滅跡了，但是它們比人類在世間的時間還久遠。由此我們應該思考：進化論破綻百出，為何迄今仍主宰著生物界及科學界？

論題四、星球是孵出來的

哈伯太空望遠鏡拍攝到天鷹星雲（該星雲距離地球約七千光年之遙，是已知鄰近的新星誕生區）令人歎為觀止的星體誕生照片，科學家由照片目睹到前所未見的新星即將誕生的過程，彷彿「就在我們眼前發生」。

在新星即將誕生的太空中，先有三座

長達九兆六千億公里的陰暗氣體塔及灰塵噴出，其形狀就像地底冒出的巨大石筍，又像是在海面上昂頭吐信的大海蛇，被五十顆新星所照亮。石筍邊緣有手指狀的突起，每處突起都比地球所屬的太陽系更大，而新星即布於這些指狀突起處。

這些照片顯示在氫分子特別密集的球狀氣體中，總共有大約五十顆新星已然形成，新的星球是在「蒸發的球狀氣體」中孕育出來的，「蒸發的球狀氣體」英文首字縮寫剛好是 EGGs，意即中文的「蛋」。所以天文科學家表示，新星不是「生出來的」，而是「孵出來的」。

星球的誕生，是由於孕生它的雲氣異常稠密，以致雲氣因本身強大引力而崩解所致。在新星創生中會釋放出大量能量，特別的是，這個巨大的星球非常的明亮、非常熱，而且釋放出大量的強烈紫外線輻射。

由此我們應該思考：以往的宇宙起源學說是否已成定論？是否人類仍然未找到正確的答案？

在此我提出一個幽浮學（UFOlogy）的前瞻思考：

從一九四七年迄今ＵＦＯ現象已引人注目七十三年了，然而仍未得到具體事證。許多人認為現代科技是要講證據的，飛碟迄今仍無鐵證，所以不能相信。此種觀點看似正確，但卻是錯的，因為從科技史裡可以讀到很多同樣的過去錯誤經驗。

從托勒密到哥白尼長達一四〇〇年的人類，都認為「地球是宇宙中心」，其間若有任何先知先覺者提出「地球不是宇宙中心」的思想，就被視為異端邪說、妖言惑眾，重者被處死，歷史上就有實例。當時的「真理」認為地球是宇宙的中心，然而現在的「真理」卻不如此認同，大家都知道那是錯的。

在哥倫布發現新大陸以前，大家都認為「地球是平的」，那也是當時的「真理」。可是，這些當時的真理以現在知識來看，全是錯的。因此，我們今天信奉的一些「科學真理」，在未來是不是也會被證明是錯的？

因此對於飛碟這樣的一個課題，人類是否要摒除先入為主的「不符合科學」的否定看法，虛心的來共同探討研究呢？我提過，飛碟現象可以讓我們深思科學上、宗教上、社會上、哲學上的任何問題。因此，我敢斷言在二十一世紀，「飛碟學」將從不受二十世紀科

學家認同的另類科學轉而成為顯學，屆時，所有飛碟研究者均將成為世紀要人。

今天地球上的科學成就絕不是人類成就的最高峰，人類對宇宙的認知仍然會繼續增加，二十世紀的發展駕凌過去的世紀，但是二十一世紀的發展一定遠超過二十世紀，這是不可否認的。所以人類不要老是以「現在」的認知來看「未來」，老是以「現在」的科技來評量「未來」，這是天大的錯誤。

現在已經進入二十一世紀了，當代人應該用前瞻的、開放的、深邃的思維方式來看宇宙，就會發現宇宙將更為宏大、更為燦爛。

六、建立東方特色的幽浮學研究法

以自然科學的角度看幽浮，當然免不了探討幽浮現象的物理意義，而傳統自然科學中的機械工程、力學、電磁學、生物學、量子論、宇宙論、相對論、三維空間理論等，均和外星幽浮有關，因此地球人必須謙虛地研究幽浮現象帶來的科學啟示，開啟新的科學研究方法。

另一方面，幽浮現象也有其心理意義，我們知道地球人不是宇宙中唯一的生物，生物是宇宙中的普遍現象，當然外星人更是客觀存在的，但「生物」不等於「生命」，生物有很多種形式，生命也有更多種不同的形式，生命的定義大於生物，其真義不只是哲學的命題，也是科學的命題，所以地球人必須用新的角度重新思索「生命」的真義。

時至今日，我們的眼光要看向未來，要建立未來學問的大體系，因此應將「飛碟學」列為正式的中文名詞。

飛碟學和科學工程的關係

一九八四年，也就是我研究幽浮現象八年之後，提出「飛碟學是知識整合的學問」的看法，並撰闡述整個飛碟學的內容，可以說是台灣第一篇，也可能是全華人第一篇，甚至

全球ＵＦＯ界第一篇飛碟學問的總體架構理論。

飛碟學是一門人類從二十世紀進入二十一世紀的知識整合的學問，它的領域涉及自然科學、工程學、史學、神話學、宗教學、超心理學、靈學和哲學，不僅是地球人的總體學問，也是宇宙生命的總體學問。

在自然科學領域內，飛碟既然是來自宇宙間，因此涉及的最直接最密切的學問就是天文學和空間（太空）科學，因此要成為一位深入的飛碟學者，最好具備天文學和空間（太空）科學基礎知識，若是又懂宇宙論、相對論，則已具備成為一位高超飛碟學家的條件了。

飛碟既然是外星高等科技的宇宙航具，則製造飛碟的機械工程、材料科學、控制系統、導航系統、電子工程、電機工程等當然是必要的工程基礎，所以說飛碟製造和各種工程有密不可分的關係，缺一不可。

飛碟能飛航宇宙之中，且有超過地球任何航具的性能，足見外星高等科技的物理學水準超越地球相當多，舉凡高能物理、量子物理、固態物理、超導理論，甚至於對原子的瞭解、力學和電學的掌握，以及地球人迄今仍做不到的反引力技術，飛碟早已駕輕就熟。

飛碟是外星人的航具，那麼製造飛碟的外星人就成為宇宙生物學的重要研究課題，地球上的所有生物理論是否可應用於其中？地球生物的來源是否和宇宙有關？宇宙各處不同生存條件的星球是否會各自發展出個別的生物型態？這些問題都是飛碟生物學的研究領域。

不同的星球有不同的化學組成和生物生存的化學環境，大多數地球生物是依賴氧氣呼吸，但科學家也發現地球上有厭氧的低等生物和依賴人類視為毒氣的氣體維生的生物，那麼宇宙生物的複雜化學環境也是飛碟學的研究主題之一。

飛碟學和史學神話的關係

雖然飛碟兩字是一九四七年才傳聞開來的名詞，但我在一九七九年也就是研究幽浮五年之後，就體認到飛碟現象和許多古老記錄有關，便進行大規模的研究。

我用天文學史的治學方法，於一九七九年起，在廿五史、資治通鑑、續通鑑、明通鑑，以及各種歷代筆記、雜史、縣誌之中，找出一千則以上無法用自然天文現象及合理知識來解釋的記錄，確定了飛碟現象並非當代才有，而是數千年來早就頻繁出現的證據。

加上大陸及世界各地考古挖掘的不斷新發現，已有相當多的古物和古岩畫提供人類文明進展中許多不可思議的存在事實，這些古代事實和當今歷史的說法全然不同。

更往上溯，我研究世界各民族的神話，諸如中國神話、埃及神話、希臘神話、北歐神話、羅馬神話、印地安神話、南太平洋民族神話、南美洲神話，以及山海經等，發現神話和人類起源、外星人有直接的關係。

可見研究飛碟學不一定要從自然科學著手，對史學有相當專業基礎的人士，可以在浩瀚的歷史資料中尋找出足夠證明飛碟早就來過地球的文字記錄，而且絕不會產生牽強附會的問題。

而對神話有研究心得的人士也可摒除傳統迷信色彩的神話窠臼，用抽絲縏繭的方法，將神話遠古的真面目還原，足以證明神話事實上是遠古時代發生過的事實。

以《山海經》為例，我在一九七九年即開始研究，當時就深信它絕不是歷代文史學者認為是先民對自然現象的不懂所做的迷信描述，也不只是中國版圖境內的山川記錄而已，我認為山海經應該是上古時代的全球地理調查實錄，這個調查是誰進行的？時至一九九〇年在一個機會中，宇宙資訊告訴我那是外星人在上古時期所做的。

飛碟學和宗教靈學的關係

一九七五年因翻譯《上帝駕駛飛碟》一書，開始深入涉獵聖經，也建構出整部聖經的外星關連思想。加上和美國、德國研究聖經幽浮學的人士交流，可以確認聖經和遠古時代來過地球的外星人有絕對的關係。

這就涉及宗教起源和人類信仰的問題，全世界任何宗教都有其地域性和傳道方法的不同，但「神源」說法卻完全相同，全都認為神來自天上、神有大能、神的天上資訊、神指導地球眾生等等。

此種異地同源的事實即值得開放的宗教學者和科學家來共同思考與研究，而不是一味的像中古世紀教廷人士用神權來加以曲解和迫害。

目前已有越來越多的西方學者用新的宇宙觀點來看聖經、來重新審視聖經，也有愈來愈多的人相信神耶和華就是外星人，宗教的質變已成為西方世界的潮流，這是自然且正常的。

但有些人擔心此種質變會引起教徒信仰的破滅，製造人間問題。其實任何時代任何新觀念的產生必然會衝擊舊觀念，必然會引起舊勢力的反抗，但任何時代以來總是新觀念新思潮立足於世界且被發揚光大，這就是推陳布新的自然法則。

東方的佛教和道教也是如此，在這二大宗教的浩瀚經典中其實也充滿了宇宙科學實錄，充滿了外星文明的記載，只是數千年來各代宗教人物因本身未受自然科學的訓練，或所深入的經文有限，只以哲學眼光來闡述經文，以禪修為唯一目的，以致越走越偏，無法和時代同步進展，相當可惜。

其實佛祖證悟第一次開示的《華嚴經》、涅盤之前開示的《法華經》、以及佛滅後弟子第一部結集的《阿含經》，充滿宇宙各處生命生存的描述、充滿宇宙形成與毀壞的自然科學過程，同時也明白闡述多維時空的構成與存在，甚至多維時空中高等生命和地球眾生

的關係。

許多人已接受神佛和宇宙高等生命體等號的關係，因此神佛的種種超能和靈異現象，也就不那麼的神奇，也就迎刃而解了。各種宗教經典都在闡述外星高等生命影響地球人的史跡，這也是當今飛碟學應該研究的極佳課題。

飛碟學和哲學思想的關係

綜上所述，可以知曉飛碟學涉及的學問領域包括天文學、空間（太空）科學、宇宙論、相對論、機械工程、材料科學、控制系統、導航系統、電子工程、電機工程、物理學、生物學、化學、歷史學、神話研究、各種宗教比較學、超心理學、靈異現象……等等都有直接關係，而非牽強附會，因此就產生讓現代人重新思考一切世間問題真相的必要性了。

由於越來越多的考古發現推翻人類是猿人進化來的說法，也有越來越多的史前文明遺跡顯示人類的文明發展並非如以前教科書所教導的，在二十世紀下半的地球人在邁向太空的過程裡，已在太空中發現許多超過人類以前所知的事實，多年來累積這麼多的新發現，不得不讓少數具前瞻力的地球人開始思考人類在宇宙中的真正地位。

地球人的何來、何由、何去、何從等問題一向是哲學家的最大難題，到底地球人是萬物之靈、還是宇宙中較低等的人類？其真正的答案恐怕要依賴飛碟學的繼續研究而揭曉。

因此，地球人的種種問題，不光是原始的還是未來的，全部是飛碟學的領域。

雖然時至今日，地球人仍然無法得到種種問題的明確答案，但是飛碟學已成為全人類研究的新目標和新方向，它已不再是怪力亂神，不再是現代神話，不再是科學野狐禪，在地球人進入二十一世紀的前夕，能成就「飛碟學」這種新的科際整合的偉大學問，正表示地球人已認識到天人合一的境界，也藉由飛碟學的興起而建構出新的地球哲學體系。

注入東方特色的研究要素

我於一九七五年起的飛碟研究中，早已深深體會西方世界一向注重目擊事件調查的方式，在表面上看似符合科學要求，但實質上是很低層次且算不上思想性的，因此西方的幽浮學到目前面臨瓶頸，始終停留在不明飛行物的階段。

東方文明思想雖在二十世紀西方科學洪流中受到忽視，但我們以近十多年來許多古老思想和技藝受到重新重視的狀況，就可以明瞭任何學問要發揚光大，必需注入東方思想因數。這些因數包含易經學說，以及從易經發展出來的各種玄學理論，它們已在中國流傳數千年，雖然一度受到西方文明的衝擊而式微，但我完全相信在未來它們將扮演極為重要的角色。

時至今日，任何人都無法明白說出易經是如何產生的，雖然在上古神話中提及是伏羲

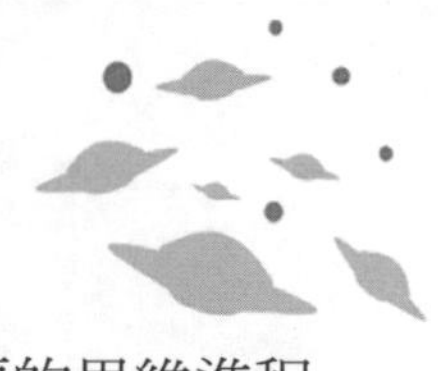

氏仰天察地所著作的，然而伏羲氏本身存在的問題就是一個謎。可見六千年來，易經的出現就是地球人最古老的謎題。有人說易經是上一個文明留傳下來的，若是如此，則生物學、地球科學、歷史學等許多學科都要重新改寫，又產生了新的問題。

不管如何解釋，易經的存在是事實，它不符合人類文明進展也是事實，此種矛盾永遠存在，因此將飛碟學和易經延伸出來的種種學說結合研究，才是打開人類文明盲點的唯一方法。

在此種無法否定的認知下，可以看出唯有華人才能結合幽浮學和古代華夏學術成就，以及相關的東方神秘學，做全方位的研究，這是西方人士做不到的，因此我們這一代的幽浮研究家最重大的任務就是建立「東方特色的幽浮學研究新方向」，讓所有的學問能夠匯為一統，找到真正的宇宙歸宿，而且在二十一世紀發揚光大，才是地球人之福。

我相信，二〇二〇年之後，地球人的心靈更加提升了，就會知道我提出這個論點的重要性及時代意義。

中国航天报

天地纵横

CHINA SPACE NEWS

中国航天工业总公司主办
周末版　第76期　总第178期
代号1——183 国内统一刊号
CN11——0024
地址：北京海淀区阜成路8号（100830）
通信地址：北京市849信箱《天地纵横》版
电话：8370900　零售价：0.50元
印刷：解放军报社印刷厂
1995年6月16日　星期五

现代人应有的外星飞碟观

20多年前，由于瑞士作家丹尼肯的《史前文明奥秘》观点在全世界流行，提出外星人在先史时代就来过地球的说法，一时之间，飞碟外星人的书籍如雨后春笋，轰动全球，也因此产生“宇宙考古学”这样一门新的学说。

当时报纸也将不明飞行物话题大做报道，出版社也大量翻译飞碟外星人及史前文明之谜的书籍，我在1974年帮希代书版公司策划“宇宙文明系列”，因此成为当时飞碟研究的始作俑者，并在台湾上电视节目“蓬来仙岛”两次，大谈UFO。

在1983年，我将多年心得，提出“飞碟学是知识整合的科学”的观点，架构出飞碟研究和天文、物理、机械、电子、自动控制、太空科学、宇宙论、生物、考古、历史、神话学、宗教、灵异等学科的关系，并撰文在《宇宙科学》及《皇冠》杂志上刊出，用“神秘大探索”做总体铨释。

这些都是十多年前的老成果了，没想到近两年来，不明飞行物现象又成为媒体炒作话题，然而最近的不少新闻报道都欠缺严格的查证，及科技界人士的客观评估，产生相当大的错误。也有哗众取宠、拿陨石当飞碟残片等的不实举动发生，科学界人士实有必要予以匡正。

科学界对外星人的看法

在天文学上言，地球之外宇宙之中，必有大量的外星生物，有些外星生物比我们高等、有些比我们低等，这已是天文学上不须争论的命题，相信全世界任何一位天文学家都不敢说“宇宙中只有地球有人”，因此，“必有外星人”这个观念，本来就是科学上所公认的，根本不必再强调这一点。

外星人一定存在是天文学上的事实，然而有飞碟是另一回事，外星人来过地球又是另一回事，三者之间有必要做区分。

美国空军在1947～1969年间，调查12618件UFO报告，证明有95％多的UFO目击事件是“误认”气象气球、流星、飞机、直升机、灯光、飞鸟、或是恶作剧、造假，只有不到5％确是“不明”。

因此，社会大众不可动不动看到天上一些物体，就说看到飞碟，因为绝大多数是错误的，只有极少数值得探讨，所以，飞碟现象有其可能性，但不是很普遍发生的，在小小的台湾岛更是少见。

有人相信有外星人，但不相信飞碟是外星人的航行器，因为他们认为小小的飞碟不能做那么遥远的太空旅行。

所以，我将“UFO”及“飞碟（Flying Saucer）”做了一种区分，前者指广义的未经查明的空中不明现象，也许包含有误认；后者指狭义的外星人宇宙航行器。此种严格的划分，就能避免无谓的纷争了。

信飞碟就和信宗教一样

有人信佛教、有人信道教、有人信天主教、有人信基督教、有人信回教，有人什么教都不信，这本来就是民主社会的常态。因此信不信飞碟外星人，完全随个人看法，不信也没关系，因为的确到目前为止，还没有扎实的证据来让大家都相信。

我研究这么多年，个人是绝对相信有飞碟和外星人，但是在信仰自由的前题下，也不必用大肆宣传手段来强迫社会大众也都要相信。

飞碟的出现，最重要的并不是光谈“信不信”这么肤浅的问题，相信飞碟又怎样，又不会发财；不信飞碟又怎样，也不会有损失，所以在飞碟问题已谈了二十年后的今天，再强调要相信外星人，实在太幼稚了。

真正重要的是要让我们进入深层的思考，如：现代人应如何正确的看待飞碟现象？人类要如何思考自己的地位？飞碟现象对人类有何全新的影响？飞碟和宗教的关系如何？人类要如何面对外星人？等等深入的问题。

开启人类全新的思考方向

如果一旦证实确有飞碟，那么地球人就知道我们在宇宙中不是孤独的，知道我们的科技水准并不高明，外星人已能飞那么远到地球，我们还无法载人飞出太阳系，就该体会地球人并非“万物之灵”，反而是宇宙中的弱者，一旦发生邪恶的外星人入侵地球，我们只有束手就擒的份。

飞碟现象也会让人类开启全新的思考方向，真正了解“天外有天、人上有人”的真谛，这句话不只是劝人要谦虚而已，反而真切的描绘出宇宙真相，指出天有很多重，宇宙是多重的、无限的，地球人之上还有很多外星人。　有了这样的认识之后，人类必须有自知之明，必须努力发展科技，必须想一些防卫自己的办法。而且，人类也要体会到宇宙是多么浩瀚，人类是多么渺小，要去除自大和自私的心理，地球人应该同舟共济，在小小的地球上携手合作，不要再争名夺利了。

飞碟圆满解释人类的一切迷惑

尽管时至今日，飞碟尚未得到证实，但其呼之欲出的传闻，却已在地球上飞风行了近50年，对于这样的一个课题，人类是否要摒除先入为主的否定看法，虚心的来共同探讨其对人类思想上的启蒙呢？

我相信，飞碟现象可以让我们深思下列问题：

一、科学上：思考人类在宇宙中的地位，以及人类的起源。

二、宗教上：思考人类一切信仰的本源，找出宗教的真正来源。

三、社会上：思考人类一家、世界大同的重要性。

四、哲学上：思考人类何来、何去、何从的千年难题。

当然，目前要得到这些问题的真正了悟，也许时机未到。但是，当前最重要的是人类要思考：继续做个井底之蛙，在地球上夜郎自大，每日巧取豪夺，争名夺利呢？还是真正抬起头来，望向宇宙，体悟自然界不断传给人类的信息，好好做一个地球人？

文／吕应钟（台湾）

热心两岸科普交流的吕应钟

台湾的核物理专家、宇宙科学家吕应钟先生现担任国际宇宙科学宗教灵学研究总会主席、中华两岸事务交流协会秘书长、中华两岸文化统合研究会秘书长等职，并特别热心于两岸的科普交流工作。

现年46岁的吕先生，除研究原子核子、天文学外，在科普、科幻、文学、飞碟等领域也广具知名度。1975年至今，他已出版各类书籍60多部，其中有《银河探秘》、《2001太空漫游》、《宇宙奥秘》等，1993年安徽少儿出版社为其出版了科幻小说《龙船征空记》；

做为台湾飞碟研究会会长，吕应钟先生至今已出版15部飞碟类书籍。1988年兵器工业出版社为吕先生出版了《星空碟影》、《UFO在行动》两部书，书中收录了他近年来有关飞碟研究方面的文章，同时介绍了一些国外飞碟研究的状况，其中也有一些篇幅涉及中国大陆UFO现状，有其独到的见解。

文／风平

1995 年 6 月 16 日中國航天報天地縱橫版利出本書作者的文章。

附錄：深思專題

我常說：「研究ＵＦＯ必須邁向宇宙高智慧生命的層次，不能總是停留在ＵＦＯ目擊現象的報導。」真正重要的是要讓我們進入深層的思考，如：現代人應如何正確的看待飛碟現象？人類要如何思考自己的地位？飛碟現象對人類有何全新的影響？飛碟和宗教的關係如何？人類要如何面對外星人？正反宇宙論之後的虛宇宙與實宇宙的理論，有形無形宇宙與生命的存在等等。

因為若是用現代科技知識來評斷飛碟是否真實存在？是否真的有外星人？就會產生如同過去發生的很多科學史上的誤觀，現我就舉例說明：

古代人認為地球是平的。——現在早就知道這是錯誤的。

西元二世紀，天文學家托勒密說沒有人能通過赤道，因太陽的熱使海水沸騰，使木船著火。他又說：地球是宇宙中心。——現在所有人都知道他錯了。

西元十五世紀以前，人類認為地球是宇宙中心，哥白尼卻認為太陽是宇宙中心，但不敢將著作出版。十六世紀的伽利略贊成他的看法，卻遭當時的教廷迫害。——雖然現在大家知道地球、太陽都不是宇宙中心。但在當時，哥白尼能提出此看法是很先進的。

一五八三-八五年間，義大利哲學家、數學家、詩人、宇宙學家和宗教人物焦爾達諾．布魯諾在《論無限、宇宙和諸世界》這本書當中，提出宇宙無限，認為宇宙是統一的、物質的、永恆的，在太陽系以外還有無以數計的天體世界。他的觀點抵觸當時的教廷，遂被抓起來火刑。——但我們現在都知道他是對的。

在拿破崙要攻打英國之前，一位美國工程師福爾敦見他，提供製造蒸汽輪船的方法，拿破崙卻嗤之以鼻，認為要造能逆風航行的船，並在甲板下生火來推進，是無稽玩意。——後來製造出蒸汽輪船，大家知道福爾敦是對的。

一八二九年，紐約州州長馬丁，范布倫寫信給美國總統傑克遜，認為鐵路貨運每小時達一五哩，會讓乘客脖子折斷。——現在的高鐵每小時可以達到三〇〇公里以上。

一八九九年，美國專利局長要求麥金萊總統廢除專利局，因為他認為，可發明的東西都已發明了。——但是二十世紀人類發明的東西比過去總加起來還多。

一九〇三年，天文學家西蒙紐康說：「空中飛行是人類無法克服的問題，比空氣重的機械飛行不可能。」——他又錯了。

一九一二年，德國氣象學家阿爾弗雷德・韋格納提出大膽理論「大陸漂移說」。卻飽受當時科學界嘲諷。一九二五年美國石油地質學家協會舉辦的研討會對其極為懷疑，特別反對大陸漂移假說。直到一九五〇年代後，他所提出的大陸漂移假說才重新獲得逐步肯定。——可惜他已經鬱鬱過世二十年了。

一九二〇年，液態燃料火箭發明人高大德認為火箭可在一天內到達月球，當時紐約時報攻擊他「沒受過高中教育」。——後來太空飛行實現了，紐約時報公開刊登道歉啟事。

一九三二年，物理學家拉瑟福爵士成功地分割原子，卻認為自己的發現沒什麼用途。——他不知道打開了原子科學時代。發展成現在的量子科學時代。

一九七五年，蘇聯發射第一顆人造衛星，美國艾傑豪總統卻說：「沒什麼，俄國人只放了一個小球在空中，沒什麼用途。」——他對否？

以上，科技史上的誤觀很多，有些人必須好好思考自己否認飛碟的心態是否也犯了同樣錯誤。

再用電話手機的發展為例。電話的發明人不是亞歷山大・貝爾。美國眾議院在二〇〇二年六月一五日所發出的二六九號決議案中，將發明電話的榮耀歸給了義大利的發明家安東尼奧・穆齊。

一八五〇年穆齊從古巴移居到美國紐約，至一八六二年持續進行電話的研究，並製作了幾種不同形式的電話原型機。一八五五年他在自己的居所內設置了世界上第一座電話系統。由於窮困潦倒，甚至無法支付二五〇美元為他的 teletrofono 申請專利權。

愛迪生在一八七六年一月一四日向專利許可局申請保護發明特許權請求書。艾萊沙・格雷與貝爾在一八七六年二月一四日，正式向美國專利局提出他們的專利申請，貝爾比格雷早了幾小時。

一九七三年四月的一天，一名男子站在紐約街頭，掏出一個約有兩塊磚頭大的無線電話，並打了一通電話，引得過路人紛紛駐足側目。這個人就是手機的發明者馬丁・庫珀，美國摩托羅拉公司的工程技術人員：

世界上第一支智慧手機是一九九四年八月一六日開賣的 IBM Simon。

短短二十年，一支手機發展到可以打電話、視訊電話、寫留言、看電影、攝影、編圖、購物、、等等功能。二十年前大家能夠想到嗎？那麼再過二十年後呢？會進步到什麼狀況？相信今天沒有人能想得出來。

科學史的慘痛教訓已經告訴我們，任何人都不能用自己的、過去

手機發明人 Martin Cooper
（圖片來源 https://fptshop.com.vn/Uploads/images/image001.jpg）

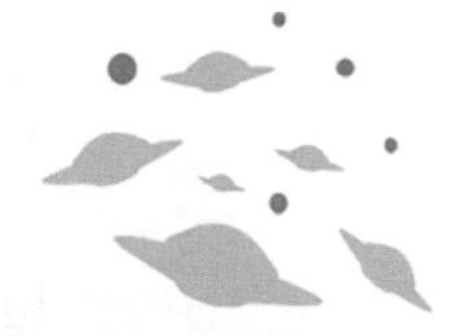

的、有限的知識，來否決他人提出的任何理論！因為，你不是全知的人！

再來看看愛因斯坦說過的：「未來的宗教將是一種宇宙宗教，而佛教包括了對於未來宇宙宗教所期待的特徵：它超越人格化的神，避免教條和神學，涵蓋自然和精神兩方面，它更是基於對所有自然界和精神界事物作為一個有意義整體的體驗而引發的宗教意識。」

不過我認為，應該改稱「佛學」而不是「佛

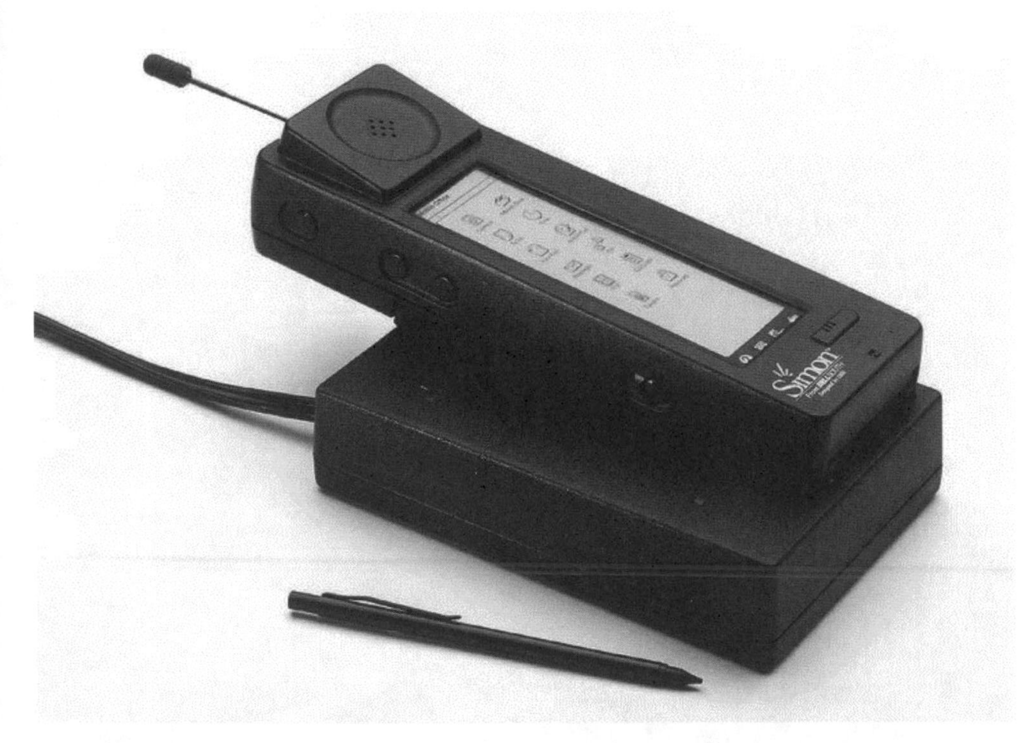

第一台手機 IBM Simon
（圖片來源 https://wirelessbygeorge.files.wordpress.com/2016/08/ibm-simon-worlds-first-smartphone.jpg）

教」，因為大家都不知佛學經典裡面早就寫出一些先進的宇宙科學現象。

《阿含經》是現存最早結集的佛教基本經典，記述釋迦牟尼佛在世門及弟子修佛論道的言行。保存了佛教最精要、最究竟的教義和修證，是佛陀涅槃後，由弟子們結集而成的「法歸」。是原始佛教及部派佛教公認的「根本佛法」。

在《長阿含經三十三天品》中有：「人間若有如是姓字，非人之中于有如是一切姓字。諸比丘，人間所有山林川澤國邑城隍村塢聚落居住之處，於非人中亦有如是山林城邑舍宅之名。」這就是現代的「正反宇宙理論」。

《長阿含經三十三天品》又說：「諸比丘，一切街衢四交道中，屈曲巷陌屠膾之坊及諸嚴窟，並無空虛，皆有眾神及諸非人之所依止。又棄死屍林塚丘壑一切惡獸所行之道，悉有非人在中居住。一切林樹高至一尋圍滿一尺，即有神祇在上依住以為舍宅。」這就是「空間不空，充滿人眼看不到的生命」的科學。

經文又說：「爾時，日天勝大宮殿，從東方出，繞須彌山半腹而行，於西方沒。西方沒已，還從東方出。日天宮殿常行不息，六月北行，于一日中，漸移北向，六月南行，亦一日中，漸移南向。有何因緣，於冬分時，夜長晝短？日天宮殿，過六月已，漸向南行，每於一日，移六俱盧奢，無有差失。當於是時，日天宮殿在瞻部洲最極南陲，地形狹小，日過速疾，以此因緣，於冬分時，晝短夜長。」這就是太陽每年北回南回的現象。

「月天宮殿，依空而行。月宮殿前，亦有無量諸天宮殿，引前而行。無量百千萬數諸天子等，亦在前行。爾時月天宮殿，面相轉出，以是義故，圓滿而現。複次青色諸天，常半月中隱月宮殿，然此月宮，于逋沙他十五日時，形最圓滿，光明熾盛。月天宮殿，于黑月分第十五日，一切不現。」這就是描述月亮每個月圓缺的現象。

佛經裡頭早就有很多宇宙生命科學的描述，只是法師沒有經過科學訓練，無法理解經文的文字。另外，英國物理學家霍金教授的《空間物理學》觀點證明了：「佛教所說的我們的世界是一個虛幻世界，同時也證明了佛國就是空間物理學所說的更高維度的時空。」「空間是虛幻的」「存在高維度」這些觀點已經是大家經常看到的報導了。因此，必須重新思考宇宙萬象。

又，佛經沒有說過佛菩薩的形象是固定的，實際上是沒有具體的形象，是一種無相體，可以變化萬千。現代量子科學已經可以解釋為一種難以描述的「能量體」，這種能量體不是科幻片裡怪物狀的外星人。也就是說「佛菩薩不等於形狀怪異外星人」，佛菩薩應該是高維度高能量的精神體。

我在一九九二出版《大世紀：佛經宇宙人紀事》，二〇〇一出版《阿含經大世紀》，二〇一一出版《當佛經遇到宇宙科學》，二〇一八年出版《佛陀的量子世界》。用宇宙科學觀點研究佛經已達三十多年了，充分相信二五五〇年前的釋迦佛在世所講的全是他的腦

波與宇宙波連接之後所觀的「宇宙生命學」萬象，因此期待現代人多用宇宙科學基礎理論來重新看待佛經。

要做為一位研究ＵＦＯ、飛碟、外星人的全能人，必須具備本書中提到的所有領域的知識。目前地球人類的科學只是「唯物科學」而已，所有的科學理論是基於現象可總結出來的規律，也是基於經驗之上的總結而已。還沒有走入真正的宇宙生命科學的軌道上。

有個最新的資訊，事實上還有一種粒子，不可再分割，是宇宙一切一切的根本。這種粒子的狀態不是固定的，時而向四周擴散成為「能量場」，時而收縮為「物質場」，姑且名之「能質粒子」。

如果人類科學再發展下去，能夠測量到此種「能質粒子」，那麼，未來的科技會是什麼局面，絕對是當代人想不出來的。

因此我期望當今地球人，必須從「唯物科學」的表相思維邁向「宇宙生命科學」的高維思維以及能質思維，用「開放的心胸、前瞻的態度、包容的思維」來思考好奇的現象，方能了悟宇宙真相。

國家圖書館出版品預行編目（CIP）資料

外星人研究權威的第一手資料：5000年來古今幽浮事件最完整的紀錄 / 呂尚著. -- 初版. -- 新北市：大喜文化, 民109.08
面；　公分. --（外星文明系列；1）
ISBN 978-986-99109-1-0（平裝）

326.96　　　　109011102

外星文明系列 01

外星人研究權威的第一手資料：
5000 年來古今幽浮事件最完整的紀錄

作　　者：呂尚
出 版 者：大喜文化有限公司
發 行 人：梁崇明
登 記 證：行政院新聞局局版台省業字第 244 號
發 行 處：23556 新北市中和區板南路 498 號 7 樓之 2
電　　話：02-2223-1391
傳　　真：02-2223-1077
劃撥帳號：53711606 大喜文化有限公司
網　　址：www.facebook.com/joy131499
E-Mail：joy131499@gmail.com
銀行匯款：銀行代號：050　帳號：002-120-348-27
　　　　　臺灣企銀　戶名：大喜文化有限公司
初　　版：中華民國 109 年 8 月
流 通 費：新台幣 380 元
ISBN：978-986-99109-1-0